私鉄・車両の謎と不思議

広岡友紀
yuki hirooka

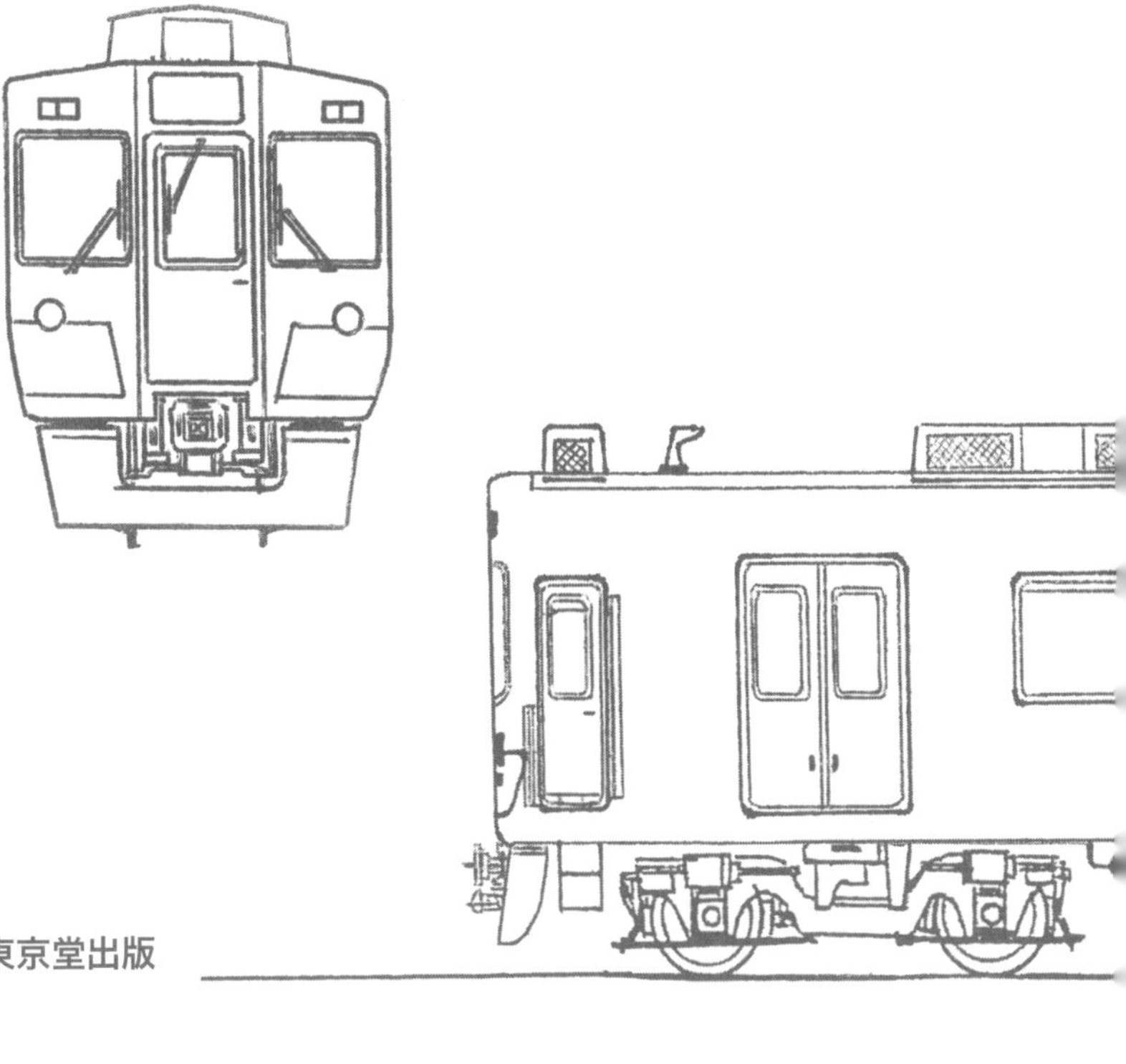

東京堂出版

はじめに

私鉄の車両（電車）、施設・設備など、全般について簡潔に記したものが本書です。基礎的な疑問への回答を心掛けて記しました。鉄道趣味への入門書として活用していただければと思います。

鉄道趣味書の多くが、ともすると用語のひとり歩きをしているような印象があり、さらに表面的な現象を追っているような気がします。

車両のディテールや運用に終始した研究発表が多く、基礎をしっかりと押さえているとは、残念ながら思えません。

この世界を本当に知る第一歩は、車両のメカニズムを理解することから始まるのです。

それには電気工学や車両工学を知る必要があります。しかし、そこは数式の世界であり、非常にハードです。だから敬遠され、一部の人々だけの世界になっているといってもよいでしょう。

そこを何とかして、わかりやすくしたいと考えて、この本ができました。

知っているつもりになっていることでも、あらためて確認する必要があるのです。

今日、鉄道ブームといわれ多くの入門書が出版されていますが、そこでも言葉が先行し、事実誤認が少なくありません。用語の丸暗記だけでなく、基礎を固めていただくことを願い、筆を執りました。

二〇一〇年四月

著　者

私鉄・車両の謎と不思議 ●目次●

はじめに……1

第1章 私鉄車両の不思議

001「私鉄」か「民鉄」か……8
国鉄民営化以降、どちらも耳にするようになったが……。

002 車体は何でできている?……10
鉄かステンレスかアルミニウムか。

003 車両についている記号の謎……12
「ク」「モ」「サ」「ハ」と「系」「形」。

004 車両限界とは……16
脱線することなく安全に走れる大きさはどのくらい?

005 運転士はどこに座るもの?……20
車体の右側か左側か。

006 電車が走る仕組み……22
自動車のようなギアチェンジは行わない。

007 鉄道の車輪の謎……24
なぜ鉄の車輪で、ゴムタイヤではないのか。

008 電車の加速方法の謎……26
モータへかかる電圧を上げて回転数を増やす。

009 減速方法(ブレーキシステム)の謎……28
発熱する発電ブレーキと架線に電気を返す回生ブレーキ。

010 モータ(直流/交流)の謎……30
直流モータよりも交流モータが主流に。

011 車両の連結方法と連結器の謎……32
今では係員なしで行えるようになった。

012 シートの種類……35
座る客に配慮した工夫が欲しい。

013 ドアと窓の謎……38
挟まれたときのために、少しの時間だけ圧力を下げるドアも。

014 パンタグラフの謎……41
シングルアームは、騒音防止と架線摩耗減少に効果あり。

015 床下機器の謎……45
車両の下にぶら下がっているもの。

016 空調の謎……48
私鉄での本格的な冷房は、近鉄ビスタカーから。

017 車両から聞こえてくる音の謎……50
電車の停車中にする音は何だろう。

第2章　鉄道構造物の不思議

018　駅の構造の謎 …… 54
駅にも種類がある。

019　ホーム有効長と車両 …… 58
編成を長くするならホームも長くしなければならない。

020　レールと軌道の謎 …… 61
枕木は、木からコンクリート、合成、そしてラダー枕木へ。

021　軌間（ゲージ）の謎 …… 64
広軌、標準軌、狭軌といろいろあるが……。

022　鉄橋の謎 …… 66
有道床の鉄橋が増えてきた。

023　トンネルの謎 …… 68
山をくり抜くのも川や海を通過するのもトンネル。

024　架線の謎 …… 70
断線したときは、すぐに送電が止まる。

025　列車の運行はどこで制御しているのか …… 72
コンピュータ化しているが、乱れたときにもどすのは人力。

026　勾配の謎 …… 74
都内でも、京浜急行の品川―泉岳寺間の上り線は38パーミル!!

027　ATS（=Automatic Train Stopper）の謎 …… 76
ATSと信号の関係。

第3章　私鉄とJRの違い

028　車両に対する考え方 …… 80
新技術の採用は、私鉄のほうが早い！

029　車両の運用に関する考え方 …… 82
JRは1路線1形式、私鉄はバラバラ。

030　ダイヤの組み方 …… 84
なぜ私鉄には列車種別が多いのか？

031　踏切遮断時間の謎 …… 86
JRは長く、私鉄は短い!?

032　事故から復旧するまでの時間 …… 88
ダイヤ全体の回復のためには犠牲になる列車もある。

033　組織・制度 …… 90
人事に対する考え方は大きく違う。

第4章　相互直通運転の不思議

034　相互直通運転史―黎明期―……94
不利な条件を改善して集客力を高める。

035　相互直通運転史―発展段階―……98
2者間の直通から3者間の直通へ。

036　相互直通運転史―現状―……100
地下鉄線内での急行設定があまりに少ない。

037　相互直通運転史―今後―……102
私鉄間の特急網の充実を！

038　相互直通運転の協定事項……104
かつてほど厳格ではなくなったが……。

039　相互直通運転での事故……106
修理の費用はどちらが負担するのか。

040　運転交代時に行われること……108
申し送り事項はあるのか？

041　運転士の免許は各社で違うのか？……110
免許を有する運転士はどこの路線でも運転できるのか？

042　ダイヤ乱れなどの緊急時対応……112
PASMOやSuicaでは振替輸送は受けられない。

第5章　私鉄にまつわる不思議

043　大手・準大手・中小の区別……116
大手かどうかは路線規模ではなく、輸送量!!

044　「普通」と「各停」は同じなのか？……118
各駅に停まらない「普通」がある。

045　特急料金がかかる？　かからない？……120
各社で異なるため、初めて利用する人にはわかりにくい。

046　私鉄有料特急の謎……126
特急ネットワークは近鉄がいちばん充実している。

047　運賃制度の謎……129
輸送密度が同じなら同一運賃のはずなのだが……。

048　私鉄特急の座席指定券の謎……132
JRの「マルス」にあたるものはあるのか。

049　私鉄のターミナルはなぜ櫛形が多い？……134
他線区とのネットワーク化でスルー形になっていく。

050　接続駅・共用駅の謎……136
業務や財産、経費はどのように各社が分担するのか。

051　「上り」「下り」の謎……138
私鉄においては「上り」「下り」はどうなっているのか。

本文イラスト＝瀬々倉匠美子

第1章

私鉄車両の不思議

謎001 「私鉄」か「民鉄」か

国鉄民営化以降、どちらも耳にするようになったが……。

結論からいえば同じ意味である。

私鉄とは私有鉄道のこと、民鉄とは民営鉄道のことであり、双方とも旧国鉄に対する対語である。旧国鉄、今のＪＲ以外の鉄道を表す総称として用いられる。このために実は公営鉄道をふくめて私鉄と表記する例がある。

所有者が国以外の鉄道を広く私鉄といっていたがＪＲ化でこの定義もかなりあいまいになっている。

現在用いられる民鉄という表記では公営鉄道をふくめないことが普通である。

その点においては私鉄と民鉄の意味する範囲に違いがないでもない。

しかし厳格な決まりがあるわけではない。

他方では以前、私鉄経営者協会が日本民営鉄道協会と改称したように、民鉄という呼称を広く用いる傾向にある。

これは言葉の持つニュアンスとして私有であることを強調しない点から民営という表現を採用したとも考えられる。より公共性を前面に出すための方策のようだ。

だが一般的にはまだ私鉄という表現のほうが市民権があるようで、朝のニュースなどでも「○○時現在、首都圏のＪＲ、私鉄各線とも正常に運行されています」といっている。

民鉄という表現はあまり用いられない。

むしろ業界用語として使用されることが多い。

現状では民鉄、ＪＲ、公営、第三セクターという分類がいちばん正確である。

ＪＲも民営化されているとはいえ、これを民鉄とよぶことは皆無である。

一部の識者は私鉄という表現を意図してしないが、民鉄といおうが私鉄といおうが大した問題ではない。

謎002 車体は何でできている?

鉄かステンレスかアルミニウムか。

車体が金属でできているのは当然だが、昔は木造や半鋼製車といって、外板、柱、台枠を金属でつくり、床や内装を木でつくった車体もあった。

今では不燃化対策から全金属製車体となっている。安価で加工性もよい普通鋼が長年にわたって用いられてきたが、現在では軽量化と保守上の観点からステンレス鋼やアルミ合金が主流化した。製造コストよりもランニングコストが重要視されるようになった結果だ。こうした軽金属製車体は昭和30年代から一部の私鉄に普及していたが、コストや車両メーカが限定されることから一般的に広く普及することはなかった。とくにオールステンレス車体はパテントとの関係から東急車輛製造でしかつくることができず、外板のみをステンレスとしたセミステンレス車体を用いる例が見られた。これはどの車両メーカでもつくることができたからであり、コストもオールステンレス車体よりも安い。中には屋根板や床板のみをステンレスにした鋼製車体も存在する。

オールステンレス車体の普及は、東急車輛製造と、これを開発した米国バッド社とのパテント切れ以降、急速に普及している。

アルミ合金車体との比較では一長一短あり、優劣をつけることがむずかしい。対候性ではステンレスが有利であるが、軽量化や加工性ではアルミ合金が有利だ。ただし、この重量差は軽量ステンレス車体の開発で互角に近づいている。

製造コストはアルミ合金製車体のほうが高くつく。そのアルミ合金製車体も近年ではＦＳＷ工法で改良が進んでいる。これは英国のウエルディング社によって開発されたアルミ合金接合技術である。歪みの少ない美しいアルミ合金製車体をつくれるようになった。

一方のステンレス車体もかつてのコルゲート外板（波板状外板）からビード加工（リブつき外板）になり、さらに平板を用いるように変化している。

車体の軽量化は、車両の重心を下げるので安全性が向上する。軽いことと強度とは別のことであり軽くて丈夫な車体が普及している。

20メートル長の電動車で見ると普通鋼製車体で下まわり一式をふくめ約40トン前後、軽量ステンレスやアルミ合金製車体で約32～33トンの重量である。車体だけだと普通鋼で約10トン、ステンレスやアルミ合金で約4～5トンである。あとは台車のボルスタレス化で約2トンほど1両当たり軽量化している。

軽量車両は線路へかかる横圧という力が減り脱線しにくい。軽量車両やボルスタレス台車が脱線しやすいとの説は全くの事実誤認である。

図２－１　アルミ合金製車両。（西武鉄道6000系、ひばりヶ丘駅、2010年４月22日著者撮影）

図２－２　ステンレス鋼製車両。（西武鉄道6000系、西所沢駅、2010年４月24日著者撮影）

謎003 車両についている記号の謎

「ク」「モ」「サ」「ハ」と「系」「形」。

これにはふたつあり、カタカナ記号と数字を組み合わせる例が多いが、公営交通、東京メトロ、一部の私鉄では数字のみである。

JR流ではクモハ、モハ、クハ、サハが基本で次の意味がある。

ク…運転室つき車両

モ…モータがある車両

サ…モータのない車両

ハ…普通車

ロ…グリーン車

これらのカタカナをふたつ以上組み合わせることで、その車両の性格を表す。

以上は「電車」（在来線）についてでありディーゼルカー、客車、新幹線では別の表記をしている。

私鉄の多くが、このJR方式に準じているが、全くJRと同じ私鉄大手は西武鉄道のみだ。クモハを用いない例が大半であり、運転室つき電動車をモハと表記している。

またモハではなく、これをデハと表記するところもある。東急、京急、小田急、京王がこの例に当たる。この4社はかつて東京急行電鉄を構成した歴史があり、いわゆる大東急の一員であった。現在では東急のみに残る社名として東京急行電鉄がある。

ちなみに「モ」はモータ車のモ。「デ」は電動

図３　電車の形式記号。

車のデであり意味は同じだ。

近鉄と名鉄はク、モ、サとカタカナ1文字のみを使用する。

次にくる「ハ」は普通車を示すので、グリーン車がない私鉄では意味を持たない。小田急20000系RSE車にはグリーン席があるが、これはJR東海御殿場線へ乗り入れるために設けている措置であり、小田急車内ではスーパーシートと考えており、したがってサハと表記している。

近鉄アーバンライナーのデラックスシート車も小田急と同じ考え方であり、グリーン車ではない。

かつては伊豆急にサロが、名鉄にキロがあったが今はない（キロ＝ディーゼルカーのグリーン車。ただし名鉄8000系にキロが存在した当時はグリーン車ではなく1等車）。

関西大手私鉄は南海のみがクハ、モハ、サハを用いており、阪急、阪神、京阪はカタカナ記号を用いていない。

数字は各車両固有の形式番号だが、これの付番基準は各社バラバラで一定の法則はない。2ケタから5ケタの数字を組み合わせる例が多い。私鉄の中には形式番号が重複する例もあって、この場合はあえて初代○○系とか2代目○○系などと便宜的に用いることがある。おもしろい例では東武8000系があり、クハ81101はクハ8100形の101両目のことであり80000系ではない。

次に「系」と「形」であるが、京急や小田急のように正式には「系」を用いないところもある。だが一般的には「系」という概念が定着しているので、本書でも一般的な表記を用いる。例えば8000系の中のクハ8100形、モハ8200形、サハ8800形と表す例が多い。この「系」の概念は固定編成化の産物といえよう。

例示すると次のようなケースだ。

8000系という車両が4両編成で1個編成を組成したとする。

クハ8100形に蓄電池

モハ8200形にパンタグラフ　主制御装置（VVVF）

モハ8300形に補助電源装置（SIV）

クハ8400形に電動空気圧縮機（CP）

この場合、4両そろわないと走れない。これを固定編成という。

今の電車は大半がこうした編成を組んでいる。したがってこの場合、8000系の中のモハ8200形であり、モハ8200形となる。

そこで「系」の概念が生まれた。

昔、昭和20年代頃までは電動車にすべての機器を装備し、これにクハやサハをつないで走った時代には「系」の概念はなかった。

車両の高性能化とともに機器の集約化が進み、編成単位で機器を配置するようになり「系」が用いられるようになったのである。

M１、M２ユニットなる表現が「系」という概念を生んだともいえる。

　このように系と形を用いると編成ごとに末尾をそろえることが可能になり、車両所での保守管理が行いやすくなる。

　クハ８１０１＋モハ８２０１＋モハ８３０１＋クハ８４０１と付番できるからだ。

　さらに百位の数字でその車両の装備品がわかる。これが形のみだと、クハ８０００１＋モハ８０００２＋モハ８０００３＋クハ８０００４となり編成表を見ないと、その車種がわからなくなってしまう。

　JR方式だと編成ごとに末尾をそろえることができない。

　私鉄においても整然と編成単位で末尾番号をそろえることはむずかしいが、その方向で形式付番をするように努力している。

　今では編成内順位を基準にして付番することが多い。かつての装備品基準方式から変化している。それで同一装備品搭載車両であっても編成内の何号車に当たるかで別形式を与えるように変化した。

　例えば６０００系というグループがあり、これが10両固定編成を組成する場合で見ると、下り方先頭車をクハ６１００形として上り方先頭車をクハ６０００形などとしている。これは架空の例だが、こうした方式が増えつつある。

謎004 車両限界とは

脱線することなく安全に走れる大きさはどのくらい？

車両が他のものに接触することなく走行できる寸法（数値）のことと思えばわかりやすい。車両の全長、全幅、全高の数値が、その路線を支障なく走行できるのかである。

これには台車間のボギー寸法も関係してくるが、要は曲線通過時に車体が一定範囲内からはみ出さずに通過できるのかである。

路線によって限界値は異なっている。今の車両は連結面間長が20000ミリメートル、車体長が19500ミリメートルのものが多い。これを20メートル車とよんでいる。

この寸法はひとつの目安であり、車両ごとに多少の違いはある。

全幅は通常側板間寸法で表すが、車側灯間寸法が通常最大値となる例が多い。

全高はパンタ折りたたみ高で表す。

一般的な話になるが、通常では全長20000ミリメートル、全幅2950ミリメートル、全高4300ミリメートルが車両限界最大寸法と見てよい。

ただし全幅が2800ミリメートルを超す場合は車体のスソを2800ミリメートル程度にしぼらないとホームと接触してしまう。

現在のところ在来線車両で最大の寸法は、2966ミリメートルで相鉄11000系がそうである。

これはＪＲ東日本のＥ２３３系のＯＥＭ車両であり、オリジナル寸法で製作された。

次いで大きい車両が西武３００００系スマイルトレインである。

小田急５０００系、５２００系、８０００系も全幅で２９００ミリメートルを超す。

これらはすべて車体のスソをしぼっているが、これをＲボデーという。

私鉄で車両限界が大きいところは相鉄、小田急、西武の3社だ。この3社はＪＲ幹線と同等である。

他社はこれより限界が小さい。

中でも京急と京成は18メートル車だ。

東急も多摩川、池上の両線が18メートル車である。これは東京メトロ（日比谷線、丸ノ内線）東京都交浅草線も同じ。また東京メトロ銀座線は16メートル車とさらに小さい。

関西で20メートル車が走るのは近鉄と南海であり、他は19メートル車以下となっている。

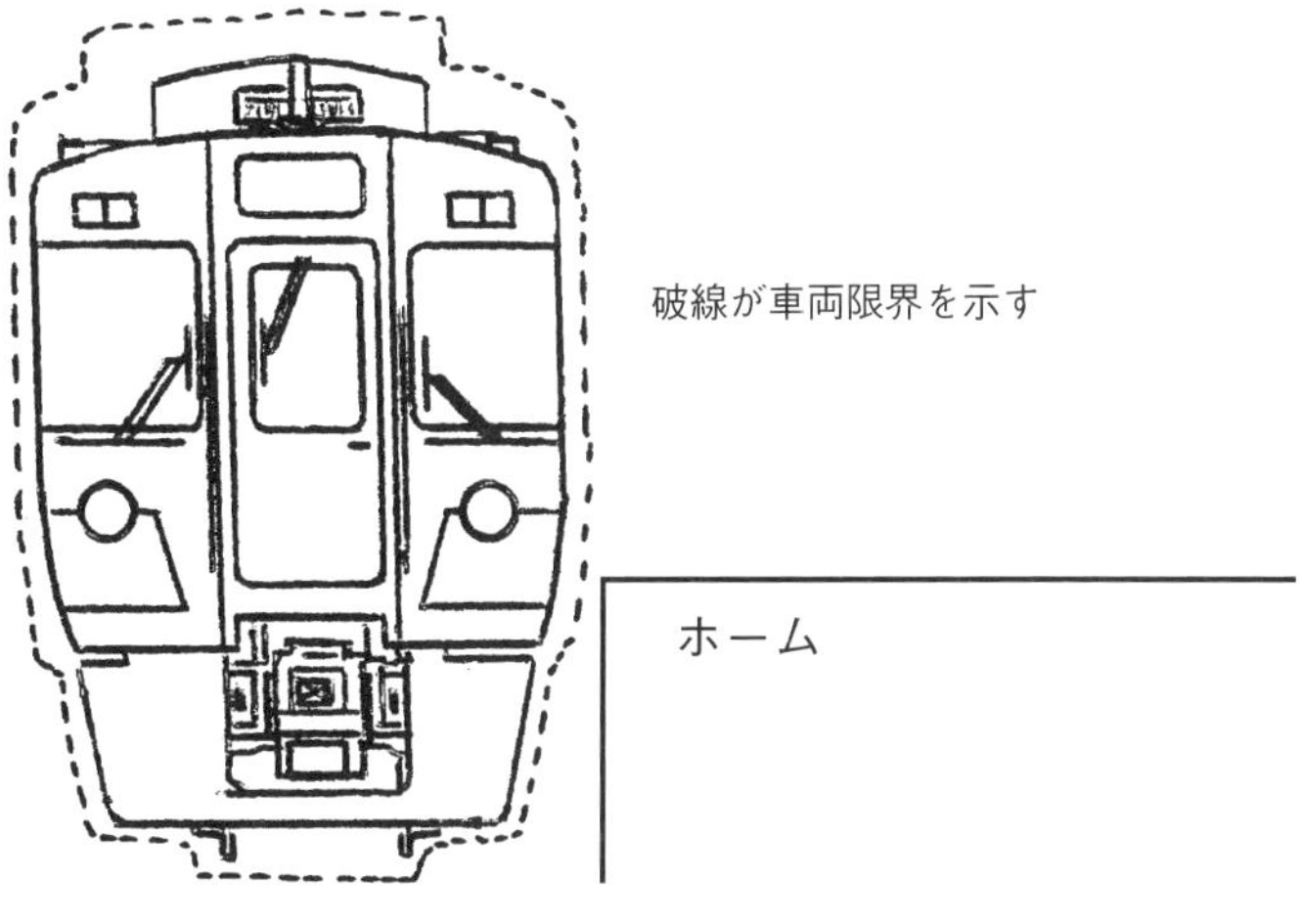

図４－１　車両限界の例。

図４－２　相模鉄道11000系。ＪＲ線との直通が計画されており、その際に使われる車両ともいわれている。（瀬谷駅、2010年４月24日著者撮影）

図４－３　西武鉄道30000系。「スマイルトレイン」の愛称どおり、全体に丸みを帯びたデザインが特徴だ。（西所沢駅、2010年４月24日著者撮影）

かつては地方鉄道法で私鉄の車両は全幅が2744ミリメートル以下とされていたが、これは有名無実も同然であり、特認を受ければ、それより大きな車両をつくることができた。

車両限界でいちばん引っかかるのはやはり全幅である。全長で20000ミリメートルを超す例は少なく、あっても最大で21400ミリメートル程度だ。

全長は曲線部通過で引っかかるが全幅は絶対条件になる。わずか10ミリメートルがネックになったりする。

狭軌は1067ミリメートル軌間なので、そこを全幅が2900ミリメートルを超す車両が走ると、軌間の約3倍もの幅の車両が走ることになる。これで急曲線を通過するとなればイヤでも速度制限を大きく受けざるを得ない。逆に標準軌である1435ミリメートル軌間に対して全幅が2800ミリメートル以下だと安定した高速走行が得られる。

京急、京成そして関西の阪急、近鉄、京阪、阪神がこれに当たる。

京急、京成などは車両が小ぶりであり、それで標準軌であるから条件がよい。

また東京メトロ丸ノ内線、銀座線も標準軌であり、車両も小型なので安定性が高い。

全国的に眺めると20メートル大型車を標準軌で走らせる近鉄（南大阪線を除く）が、もっともダイナミックな路線といえそうだ。

一般的にいって関東の民鉄は車体幅が広いものが多いが、これは少しでも単位輸送力を増すためであろう。それだけラッシュ時の輸送が限界値にきていることを反映しているのである。

謎005

運転士はどこに座るもの？

車体の右側か左側か。

原則として電車における運転席は進行方向に対して左側であるが、これは日本の複線線路が左側通行であることからきている。

電車の乗務員室は大きく分けて、全室式と半室式がある。半室式といっても昔の車両に見られた片隅式、これは全くの半室式で右側に車端部まで乗客用のスペースがあったものとは異なり、あくまでも乗務員室自体は全室これに当てられているが中央部分に貫通扉があり運転室（乗務員室）同士を突き合わせて連結した場合に扉で運転席部分と車掌席部分とを仕切り貫通路を構成できる形態を現在では半室式運転台とよんでいる。例を示すと東武８０００系がこれに当たる。

一方の全室式というのは前面非貫通である形態、もしくは右隅に非常扉がある形態のものを指す。例をあげると西武３０００系や６０００系などである。また全室式の中には中央部寄りに運転席を配した例も存在しており、小田急３０００系など、この例である。

つまり進行方向に対して左側か、やや車体中央寄りに運転席がある。

その昔は右側運転席もあったが、これは単線区間がタブレット閉そく方式の場合など、タブレットの受け渡しを島式ホーム上で行いやすくしたためであり東武鉄道などに見られた。東武５３１０系（デハ10系）などに右側運転席があったが現在は消滅している。

変わった例では小田急ロマンスカーの２階席運転台があり、つい最近まで走っていた名鉄７０００系、７５００系パノラマカーもこれであった。

運転席は信号確認を行ううえで充分に配慮した位置に設ける必要がある。

２階部分に運転席がある場合など運転士の体感速度が実際よりおそく感じられるからだ。また車両直前部の見通しが悪く、死角が多い欠点がある。このため監視用のビデオカメラや監視用レンズを装備することもある。

駅構内に踏切がある名鉄ではパノラマカーに「フロントアイ」という装置を用いた。

最近の車両ではワンハンドル式が増えたが、これも左手操作式、右手操作式、両手操作式がある。共通点は手前にハンドルを引くと力行（モータに通電＝加速）、前方に押すとブレーキが作動することだ。

運転席周囲も旧来と様変わりしており、航空機のコックピット（操縦室）風になってきたが、これはブレーキ指令方式が電気信号で行うようになったからであり、空気配管が運転室からなくなったためである。そのため、機器類レイアウトに自由度が増した。また、表示装置類のデジタル化が進んでいる。

図５　神宮前駅に停車中のパノラマカー。破線で囲ったところに「フロントアイ」がある。このタイプの車両は現在は定期運用されていない。（写真提供＝谷川一巳氏。2008年７月30日に撮影したもの）

謎006

電車が走る仕組み

自動車のようなギアチェンジは行わない。

電車が走る基本的な仕組みは、モータの回転力を車輪に伝達し、車輪とレール間に発生する摩擦力を利用したものである。これを静摩擦といい、車輪が空転しないで回転する領域のことだ。専門的にはこれをクリープ領域とよんでいる。空転時の摩擦力は動摩擦といって、これは引張力に寄与しない。

先にモータの回転力を車輪（正しくは車軸）に伝達するといったが通常はその間に歯車を設けてモータの回転トルクを増幅している。これは自動車のトランスミッションに当たるものだが、電車は自動車のようにギアチェンジを行わない。

たとえていえば通勤電車の場合など各停用はローギア、急行用はセカンドギア、そして特急ロマンスカーはトップギアに固定してあると考えていただきたい。

モータ側の小歯車と車軸側の大歯車の歯数の差を歯車比とよんでおり、これが大きければローギアに、小さければトップギアにたとえられる。

この歯車装置を駆動装置といっている。モータの回転力を減速させることから減速装置ともいう。

この装置には台車のバネ下の動きと、バネ上の動きの差から生じる偏位を吸収して、モータの回転力をスムーズに車軸に伝える役割があるが、これがカルダン装置である。

その方式にはさまざまなものがあるが、現在では中実軸平行《ちゅうじつじく》カルダン（TDカルダン）、WN平行カルダンが主流を占めており、少し古いものとして中空軸平行《ちゅうくうじく》カルダンがある。

こうした装置を持たずモータ回転軸の小歯車を車軸の大歯車に直接引っかけたものがツリカケ駆動である。

近年、DDM（Direct Drive Motor＝ダイレクトドライブモータ）方式といってモータの回転軸を車軸として歯車部を持たない方式も試用されている。そのモータは交流同期電動機を用いる。

いずれにしても電車はモータの回転力で走行するわけだ。

リニアモータは回転力を推進力に変えたものである。これは摩擦力で走行するものではないので、急勾配に強い特徴があるが、漏磁率が大きいためにエネルギー効率がよくない欠点がある。

リニアモータはは回転形の交流誘導電動機を板状に引きのばしたものと思えばよい。

直流電化区間では架線からパンタグラフで取り入れた電力をモータに通電し、マイナス電流を車輪からレールを通して変電所へ返している。これを帰線電流という。レールには数百アンペアの帰線電流が流れているが、限りなくゼロボルトに近いので感電しない。

交流電化区間では単相1線式でありレールに帰線電流は流れず架線で帰線している。

このためレールに帰線電流が流れないのでレールから地面への漏磁がなく、したがって地磁気への影響がないとされている。

そのため地磁気測定所が沿線の近くにあるつくばエクスプレス線の守谷以北は交流電化で開業した。以前から、JR常磐線取手以北についても同じ事情から交流で電化されている。西武多摩川線は直流電化のため、国立天文台に近接したルートを避けている。これも同じ理由からだ。

謎007

鉄道の車輪の謎

なぜ鉄の車輪で、ゴムタイヤではないのか。

これには大きく分けて、ふたつの理由がある。ひとつはゴムタイヤの強度が低いために重量物である鉄道車両を支えるには鉄車輪より多く配置して重量を分散しなくてはならない。強度上からくる制約が大きくなる。

あとひとつは摩擦係数が大きいために走行抵抗が増大する欠点がある。

これは逆に見ると勾配に強いメリットがあるが、その点を除くとゴムタイヤは不利だから電車にこれを用いる例はきわめて少ない。

直流電化区間であれば、1章006で触れたように帰線電流の問題がある。マイナス用の架線を設けることになるからだ。

鉄車輪は走行抵抗が小さいので一度加速してしまえば相当長い距離を惰行できる。その分電力消費が少なくて済む。

さらにフランジでレールにガイドされるステアリング特性を生かせるが、ゴムタイヤではガイドレールが必要になる。

走行音もゴムタイヤのほうが大きい。ロングレールを用いれば鉄車輪はきわめて静かに回転する（ただしフラットがなければだが）。ひとことでいうとゴムタイヤよりも鉄車輪のほうが効率がよいということである。

一般鉄道には鉄車輪が向くが、これがモノレールとなると話が変わる。

鉄車輪式モノレール（ロッキード式という）は普及しなかった。ゴムタイヤ式のモノレール（サフェージュ式やアルウェッグ式）が広く使用されている。

モノレールは一般的に急勾配を有する線形が多く、鉄道より自動車に近い機動性を求められる相違もあろう。

勾配を優先するならゴムタイヤでコンクリート上を走行するほうが有利だ。

レール上を鉄車輪で走行する場合は、とくに勾配がネックになる。

鉄道で25パーミルといえば急勾配だが、25パーミルは2・5パーセントだから、この程度の数値ならば道路では勾配とはいえないものだ。道路勾配では30パーセントなどザラにあるが、これは300パーミルだから、鉄車輪だともはやケーブルカーである。

鉄道は重量物を平坦面で効率よく移動させるために鉄車輪を用いている。

これは同時に空転との闘いでもある。

いかに少ないエネルギーで走行させるか、これは同時に摩擦係数（鉄道では粘着係数ともいう）を、いかに有効に用いるかを意味している。

そのためには制御系の進化に負うところが大きく、抵抗制御方式から解放されたことで粘着係数が向上している。モータの回転数をステップレスに変化させることで改善が見られる。

抵抗制御では、階段状にモータへの電圧を上げて制御するために、そのたびごとに車輪が空転を起こしやすい欠点がある。とくに雨や雪でレールが濡れていたりすると空転しやすくなる。

また雨の降り始めでは、レール面の泥やホコリが水分を含むことから、一種の潤滑剤として作用する。踏切道では自動車のタイヤがレールに泥を塗っているのと同じだ。

謎008 電車の加速方法の謎

モータへかかる電圧を上げて回転数を増やす。

電車を加速するにはモータの回転数を増やせばよい。それにはモータへかかる電圧を上げることで可能になる。

この電圧を変化させる装置を主制御装置とよんでいる。これで主回路を切り替える。

主制御装置には主抵抗器がつながっていて、モータをゆっくりと回転させるために必要な低い電圧を供給することで電車はスムーズに発車できる。そのための低電圧をつくるには、架線から取り入れた高電圧に抵抗を加えて電圧を下げる。つまり熱に変換して大気中に捨てることで電圧を調整する。主抵抗器という装置、これは電熱器と同じものと思えばよい。それで抵抗値を変化させることで低電圧から高電圧まで所要の電圧をモータに供給している。これが抵抗制御の原理である。

この方式の欠点は熱として大気中へ放熱させることで電圧を変化させる点にある。

そこで登場したのがサイリスタチョッパ制御だ。これは超高速で電流をON、OFFできる半導体スイッチである。ON時間を長くしていくことでモータへ供給する電力を調整し、回転数を変化させる。熱として電気を捨てなくて済む。

界磁チョッパ制御は抵抗制御と同じと考えて差し支えない。前記したサイリスタチョッパ制御とは全く異なる。

ここまでは直流モータによる加速である。

現在では交流モータが主流化しており、これを制御するのがＶＶＶＦ（Variable Volage Variable Frequency ＝可変電圧可変周波数）インバータ制御だ。これは電圧と交流の周波数を変化させることでモータの回転数を変化させ加速する。

発車直後は電圧と周波数を変化させて加速するが、すぐに電圧は一定値となり周波数を変化させて加速する。ＶＶＶＦ制御というが実のところ、その制御時間は発車直後のことであり、すぐにＣＶＶＦ（Constant Voltage Variable Frequency ＝定電圧可変周波数）制御となる。

スベリ周波数というものでモータの回転を変化させている。

このＶＶＶＦインバータ制御が現在多く用いられる制御で、これで電車は加速している。

くわしく記せばＶＶＶＦ方式も、サイリスタチョッパ方式もさまざまな方式に細分できるが、ここでは基本的なことのみを記した。

加速とはモータの回転数を上げることで行えるのであり、その回転数を自在に変化させることで電車は走行している。

その回転数を制御するために前記した制御方式がある。

謎009 減速方法（ブレーキシステム）の謎

発熱する発電ブレーキと架線に電気を返す回生ブレーキ。

これには空気ブレーキと電気ブレーキがある。どの車両にもあるのが空気ブレーキであり、これは圧縮空気力で回転している車輪を制輪子（ブレーキシューともいう）で直接しめつける方法と車輪に取り付けてあるブレーキディスクをしめつける方法がある。

空気ブレーキのことを基礎ブレーキという。非常ブレーキは通常この空気ブレーキで行う。空気ブレーキシステムにもさまざまな方式があるが、代表的なものとして電磁直通ブレーキが知られている。これには空気指令式（ＨＳＣ）と電気指令式（ＨＲＤ）がある。

電気指令式には多くの方式があり複雑であるので詳細は省く。

これら直通空気ブレーキは加圧ブレーキといって直通空気管に空気を加圧することで作動する。これとは別に自動空気ブレーキといって制動管を減圧することで作動するものもある。通常は電磁直通ブレーキのバックアップとして自動空気ブレーキを併設している。

非常ブレーキとして使用することが多く、ＨＳＣ方式がこれに当たる。

ＨＲＤ方式では自動空気ブレーキではなく別系統の保安ブレーキがある。

これら空気ブレーキとは異なり、モータで減速させるものが電気ブレーキだ。

その仕組みはむずかしいが、自動車のエンジンブレーキと考えるとわかりやすい。

電車の主回路構成を組み替えるとモータは発電機になる。そこで発生した電力を消費させるとブレーキ力になる。主抵抗器で熱として消費させるものが発電ブレーキとよばれる方式であり、架線へ返して走行（加速）する他の電車に消費させるものを回生ブレーキという。発電ブレーキにくらべて回生ブレーキには使用上の制約が多く、そのシステムも複雑である。

一般に電車では空気ブレーキと電気ブレーキを組み合わせて減速する。中には電気ブレーキがない車両もある。モータがない車両は空気ブレーキのみだが、モータがある車両でも一切電気ブレーキを持たないものがある。

発電ブレーキは時速10キロメートルくらいまで作動するが回生ブレーキは25キロメートル付近で利かなくなる。ただしVVVFインバータ制御では5キロメートルくらいまで作動し、全（純）電気ブレーキ制御車では0キロメートルまで回生ブレーキだけで停止させることができる。

電気ブレーキと空気ブレーキの組み合わせを電空ブレンディングというが、極力電気ブレーキを優先させるシステムになっている。

電車はモータで減速すると考えて差し支えない。空気ブレーキは電気ブレーキの補完役であると同時に、イザというときの非常ブレーキとして使用される。

非常ブレーキでは空気ブレーキのみで対応しているケースがほとんどであるが、その理由は電気ブレーキを併用することでブレーキ力が過大になり、車輪がレールに対して固着現象を発生する危険があるためだ。

固着とは自動車でいうところのスリップと思えばわかりやすい。これはフラット車輪を作る原因のひとつである。

謎010 モータ（直流／交流）の謎

直流モータよりも交流モータが主流に。

電車には長い間、直流モータが使われてきた。電圧変化で容易に回転数を変えることができるからだ。

直流モータには直巻形、複巻形、分巻形など種類がある。このうちもっとも多く用いられているのが直巻形だ。このモータは低速域ではトルクが、高速域では速度が出しやすいメリットがある。複巻形は独立制御可能な界磁巻線というものがあり、これは直巻形にもあるが複巻形と違って個別に制御ができない。複巻形は界磁チョッパ制御車に使用され、その他励界磁制御を主回路とは別にサイリスタチョッパで制御している。

このことによりゼロアンペア制御というものを行っているが、これは加速、惰行、制動を瞬時に行える特徴がある。

いずれの直流モータにもブラシとコンミテータなる部分が必要で、これは一種の回転接触スイッチであり直流モータの欠点である。

ブラシの交換作業やコンミテータ（整流子）の溝を削正する手間が必要となりメンテナンスに不利だ。

これに対して交流モータの一種である誘導モータには接触部がない。メンテナンスに有利なモータである。このモータを制御するシステム（VVVFインバータ）が確立されたことで急速に交流モータ化が進行した。

なお交流モータには同期モータというものがあるが、日本では一部の試作車を除いて、これは使用されていない。

誘導モータのほうがシンプルでありメンテナンスも行いやすい。

今では路面電車から新幹線まで交流モータを使用している。

直流電化区間ではインバータ制御だが交流電化区間ではコンバータ・インバータ制御を行う必要がある。

厳密にいえばサイクロコンバータではないが、結果としては同じだ。

コンバータとは交流を直流に変換する装置、その逆がインバータであるが、実はその構造は同じである。

私鉄は直流電化されているのでコンバータは必要ない（回生ブレーキ時はインバータがコンバータとして作用するが）。

交流モータのメリットのひとつは保守に手間を必要としないことである。直流モータのように回転接触部がないからだ。さらにＶＶＶＦ制御化で従来の抵抗制御のような電力を熱として捨てるムダがない。こうした点も急速に交流モータで走る電車が増加した理由である。

この技術も私鉄から実用化している。路面電車を除くと近鉄がもっとも早く採用した。次いで東急が大量導入に踏み切った。また中堅クラスの新京成も熱心であり三菱電機とペアを組み初期開発から参加している。今では各電機メーカともこの分野に出そろったといえる。

京浜急行では２１００形において、ドイツのシーメンス社製のＶＶＶＦインバータ制御装置シーバス32トラクションシステムとモータを採用し、空転滑走制御という新しい方式で高性能なＶＶＶＦインバータ制御車両を開発し、成果をあげている。

謎011 車両の連結方法と連結器の謎

今では係員なしで行えるようになった。

連結器にもさまざまな種類があるが、電車の連結器には大きく分けて自動連結器、密着連結器、棒連結器がある。このうち棒連結器は中間連結器として固定編成間に使用されている。

めったに開放しないため、これを永久固定連結という。例えばM1+M2ユニット編成間に用いられることが多い。もっともシンプルな構造をした連結器である。

先頭部分に用いるものとして自動連結器と密着連結器がある。自動連結器は機械的な連結しか行えないので、ブレーキホースや各種の電気回路は別につなぐ必要がある。よく先頭車前面に何本ものホース類がならんでいるのを見かけるが、連結時に係員の手でホース同士（ジャンパ栓という電気回路もふくむ）をつないでいる。

密着連結器では連結器自体に空気管や電気栓を内蔵したものがある。今の電車は制御回路が多いので電気連結器を密着連結器下部に独立して設けるようになり、これを電連付密連とよんでいる。ホースやジャンパ栓が不要になり、連結係員なしで運転士がひとりで車内から連結と開放ができる。このシステムを自動連解結装置という。このことで省力化と作業の安全性が大きく向上した。

営業列車として編成を仕立てる場合は制約がある。その列車が走る線区内の停車駅のホーム有効長以内に列車編成長を収めなくてはならないこと

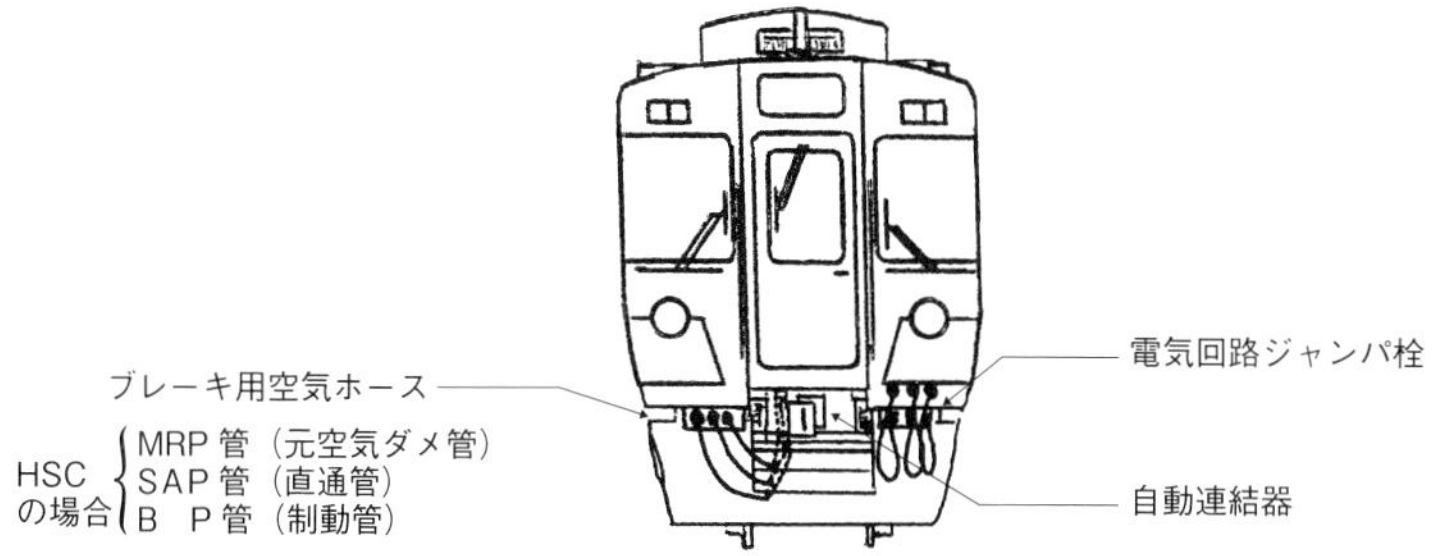

自動連結器装備車両
自動連結器は連結機能のみなのでブレーキ用空気ホース、電気回路ジャンパ栓を接続または切放する必要があり、係員が必要になる。

図11－１　ブレーキホースや電気回路は人が直接つなぐ自動連結器の例。

が原則だが、多少はみ出してもドアの閉め切り扱いで対応することは可能だ。

異形式車同士を連結（混結という）するにはブレーキ方式が同じである必要がある。

これが異なる場合には「ブレーキ読み替え装置」が不可欠だ。

電気指令式と空気指令式、ふたつの方法（前者はＨＲＤ、後者はＨＳＣ）がある電磁直通空気ブレーキ車では、この読み替え装置を用いて連結されている。

だが直通管式空気ブレーキ車と自動空気ブレーキ車との連結は行わない。直通管式空気ブレーキとはＨＳＣ空制のことである。

通常の電磁直通空気ブレーキは、このＨＳＣ空制であるが、同じく電磁直通空気ブレーキでも直通管指令ではないＳＥＬ空制では、自動空気ブレーキ車と連結が可能だ。これは電磁弁への給電をＯＦＦにすると、そのまま自動空気ブレーキになるからだ。

　編成を組むには、こうした技術的制約があるが、編成中の電動車比率をどう定めるかといった問題もある。理想的には全電動車編成がよいが、コストやメンテナンスで不利になる。そこでモータのない車両を組み入れている。これをMT比というが、Mとはモータカー、Tとはトレーラのことを指す。MT比は通常5：5か6：4が多く、上側の数字がM車である。電車は動力分散が基本であり、編成中にモータを分散配置している。そこが電機でけん引する動力集中の客車列車とは異なる。

　VVVF制御車と抵抗制御車の連結は可能だが、この場合の注意点としてVVVF制御車の接地検知に幅を持たせる必要がある。

　そうでないと抵抗制御車のノッチオフで架線電圧が瞬時上昇することを受けてVVVF制御車の保護回路を作動させる可能性がある。

　その他異形式車両の混結では多少の走行性能（特性）に差があっても大丈夫だ。

　では走行中に連結器がはずれたらどうなるのか。この場合は制動管ホースが切れることで非常ブレーキが作動する。電気指令式ブレーキでは指令線が切れることで非常ブレーキが作動する。

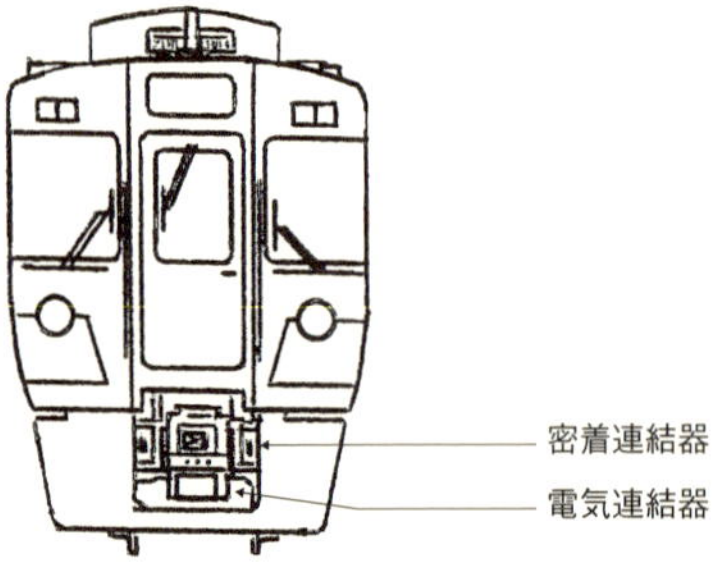

電気連結器付密着連結器装備車両

この場合、自動連解結装置を付加すると運転士が車内で連解結操作をすることができる。空気管は連結器にビルトインされている。空気ホース、電気ジャンパ栓が不要となる。

図11－2　連結すると自動的にブレーキホースや電気回路もつながる密着連結器の例。

謎012 シートの種類

座る客に配慮した工夫が欲しい。

シート（座席）には通勤電車の定番であるロングシートといって車両の長手方向（線路方向）に座席を配置するものと、新幹線のように配置するクロスシートに大別できる。

快適性ではクロスシート、車両として詰め込みがきくものがロングシートである。ロングシートは立席面積重視の配置であり、快適性は二の次といってよい。

座席構造を見ると、かつてのコイルスプリングからSバネや網バネそして詰め物へと、その内部構造が変化した。これはメンテナンスとコストダウンからきている。全くクッション性のないものまで登場した。その形状は太鼓形とよばれている座面、背面に凹みのないものからバケット形に変化し、座面に1人当たりの占有区分を設ける方向で進化しているが、これは快適性をねらったものではなく、強制的に着席区分を守らせることが真の目的になっている。1人当たりの占有幅は45センチメートル前後が平均値である。20メートル長、4扉車で見ると扉間を7人掛け、扉と連結面間を3人掛けにしたものが多い。

座席下には暖房用ヒータがあるが、片持座席では薄形ヒータを座席下に吊っており床下スペースを広くとっている。

ロングシートは混雑時に威力を発揮する。通常、7人掛け部分ではシートを3人と4人に分割する。

これは倉庫での予備品格納上のためだ。だが、小田急では3＋4に分割していない。その理由は、万一の際に車外に脱出するときに座席をシュータとして使用できるようにするためだ。分割すると長さが足りないのでシュータにはできない。これは小田急の伝統になっている。

一方のクロスシートにはさまざまなものがある。転換式といって背面のみを前後に倒して進行方向と合わせるもの、回転式といってシートを回転させて進行方向に合わせるもの、そして固定式ボックスシートがある。これには4人対面式が多いが、一方向に固定した非対面式が近年増えてきた。

リクライニングシートでは昔の機械ロック式有段形からガス圧ロック式無段形に変化し、さらに電動式が登場している。

クロスシートの座席間隔をシートピッチというが、1メートル以上ないと狭さを感じる。1070～1200ミリメートルは欲しい。

これでも航空機のビジネスクラスよりも狭い。リクライニングシートの場合、1メートル以下のシートピッチでは物足りない。

私鉄ロマンスカーでは近鉄アーバンライナーのデラックスシート、小田急30000系EXEがよくできており、通勤車両では京阪3000系、阪急9300系、京急1000N形あたりがよい。やはり私鉄は関西である。JR（国鉄）では古くはクロ151形がもっとも快適であったが、これはあまりにも古い話なので、最近のものではN700系や500系のグリーン車というところだろうか。

クロスシートにくらべてロングシートは改善の余地が限られてくるが、前記した京急1000N形は完成度が高い。

シートそのものではないがロングシートでは扉付近の立客との干渉防止策がひとつのポイントだろう。袖仕切り板を大形化しているが、ここに強化ガラス製のパーテーションを用いるとよい。座客にとって不透明な大形袖仕切り板は圧迫感があるので、強化ガラス（ラミネート入り）に淡い着色を施すと、それとなく存在感が出て、破損防止効果がある。ひと工夫欲しいところだ。

また座席の抗菌防臭処理はぜひ望みたい。座面高が現在やや低いと思われる。これが原因で座客が足を投げ出す。高齢者にとっても、座面高が低いとむしろ立ち上がりにくいのではないだろうか。足腰への負担が大きくなると思われるからだ。

謎013 ドアと窓の謎

挟まれたときのために、少しの時間だけ圧力を下げるドアも。

ドアのことを側扉というが、これがいわゆる乗降口のことで、「ガワトビラ」と読む。ちなみに車体側面のことを「ガワメン」という。

通常、通勤形では片側に3～4カ所、特急専用車で1～2カ所の扉があるが、多扉車といって5～6カ所あるものもある。両開きドアの開口寸法は平均値で1300ミリメートルだが、ワイドドア車といって1600～1800ミリメートルのものもある。

高さは1800ミリメートルが多いが、新しい車両ではさらに30～50ミリメートルほど高さを増している。

ドアの開閉は圧縮空気をピストンに送ることで行っているが、これをリニアモータで行う電気式が増えつつある。

戸ばさみといって、手や物が扉にはさまれた場合、すぐに抜けるように閉扉後5秒間だけ圧力を下げて扉を手で開けやすくした車両もある。ドアが閉まって少し経つとプシューと音が聞こえることがあるが、このときに圧力を上げて通常値にもどしている。

ドアを開閉させる装置をドアエンジンという。床置形から鴨居部へ設置する車両が増えた。ドアがすべて閉まらないと、運転士が発車させようとしても安全機構が作動して発車させることはできない。これを戸閉連動装置という。実はこの装置、

図13　東急5000系の６ドア車の車内。朝ラッシュ時の多客輸送に対応するため、始発駅から座席をたたんでいる（上）。東京メトロ半蔵門線半蔵門駅からは着席できる（下）。10両編成のうち、４号車、５号車、８号車で使用されている。（田園都市線長津田駅および半蔵門線清澄白河駅、2010年４月23日著者撮影）

非扱いスイッチというものをONにすると解除することができる。ラッシュ時などに、これを使用することがある。

また扉再開閉スイッチがあり、支障扉のみの再開閉ができるものや、乗降促進スイッチといって扉を少しだけ動かして、乗降を急がせるシステムがある。これらは車掌が判断して使用する。

ドア自体の構造はステンレスやアルミハニカム構造が多く、鋼製ドアは減っている。

ドアガラスには強化ガラスを使用することが多い。一部の車両に半強化ガラスを用いたものがあるが、これは感心できない。半強化ガラスは破損しても粒状にならず危険だからだ。

近年の車両ではドア窓にペアガラス（複層ガラス）を用いた例が多いが、これは冬季の結露を防止したものである。

側窓は2段分割式から1枚ガラスの下降式へと移行し、サッシレスの強化ガラス窓が標準となった。また一部に固定窓とした車両もある。ブラインド（カーテン）を廃し、窓ガラスを赤外線や紫外線をカットできるものを使用して、ブラインド廃止にともなうメンテナンスフリー化がはかられた車両が増加してきた。

窓の開閉は手動が多いが、相鉄などで一部の車両に油圧を利用したパワーウィンドーがあるが、あまり普及していない。車両を洗車機に通すときなどに、ボタンひとつでいっせいに窓閉めができるのでこの方式は便利なのだが、コストと保守の点で採用例は少ない。

相鉄では10000系から、このパワーウィンドーをやめた。冷房車では非冷房車に比べて窓の開閉頻度が少ないことや、初期冷房車になかったエアコンによる車内換気ができる新技術に負うところがあって、複雑な油圧作動によるパワーウィンドーは9000系までとしている。

謎014 パンタグラフの謎

シングルアームは、騒音防止と架線摩耗減少に効果あり。

長年使用されてきた菱形のパンタグラフであるが、屋根上スペースの確保から下枠《したわく》交差式が増え、さらに今ではシングルアームが標準化されつつある。屋根上にクーラや車内案内用ディスプレイの受信アンテナなどが装備されるようになり、そうした設備スペースを確保するためにも、パンタグラフの小形化は必要になっている。

またシングルアーム形パンタグラフは、部品点数も少なく、集電性能が向上している。集電性能とは走行中にパンタグラフが架線から離線しにくいことを意味し、電子機器が増加した現代の車両では、この離線防止をはかることが求められている。

例えば回転機器であるＭＧ（電動発電機）では一瞬電源が断たれても、惰性で回転するので問題はないが、ＳＩＶ（静止形補助電源装置）の場合、電源が一瞬でも断たれるとトラブルを起こしやすい。

これはＶＶＶＦインバータ主制御装置にもいえることである。

また回生ブレーキの場合などでは、パンタグラフを通して電力を架線に返すことが不可欠であるため、パンタグラフの離線防止が求められる。集電性能が向上したシングルアームパンタグラフを使用することで、パンタグラフの数を減らすことができる。

これはメンテナンスの向上、騒音防止、架線摩《ま》耗《もう》の減少にも効果がある。

パンタグラフが架線から離れると、架線とパンタグラフの集電舟との間に発生する放電現象で過大な発熱が生じ、そのために架線を焼損《しょうそん》させる事故が起こりやすくなる。

シングルアームパンタグラフは架線との密着性（追従性）がよいので、こうした事故を発生しに

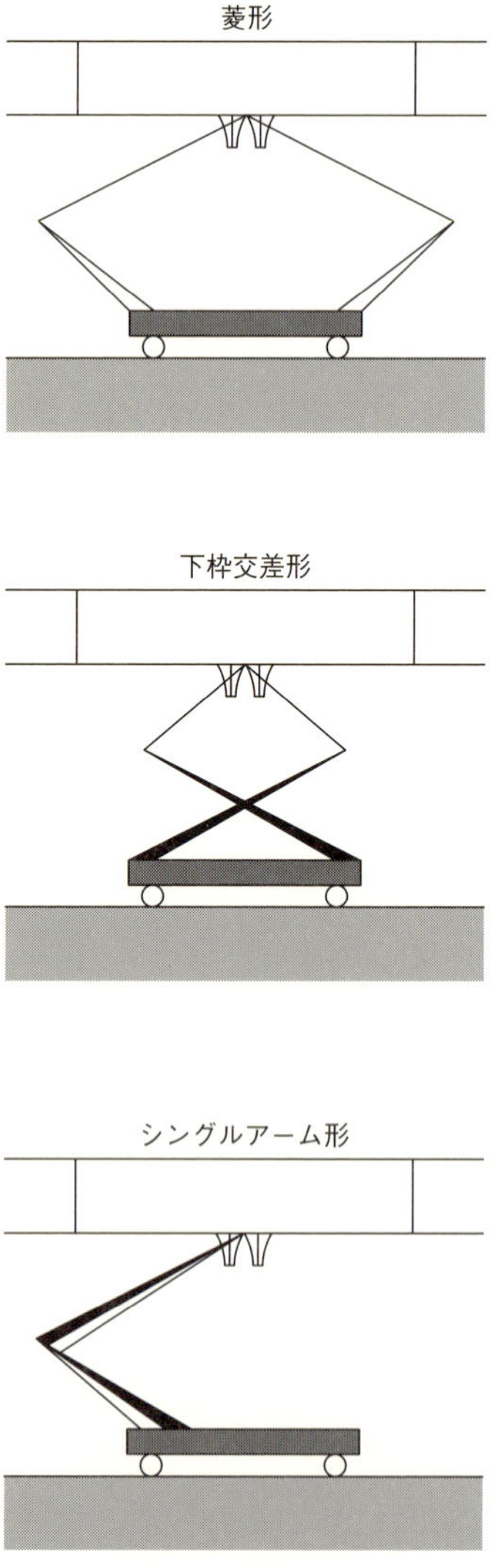

図14－1　主なパンタグラフの種類。

くい点も特徴になっている。

例えば降雪時などパンタグラフの集電部に雪が結氷して、その重量でパンタグラフが下がり、離線してしまうことがある。

降雪時に発生する架線事故の多くがこれである。これを防止する意味からもパンタグラフの離線対策が求められる。

なお新幹線のパンタグラフは盛大にスパークしているが、交流２５０００ボルトと高電圧なので電流は小さくなるから問題はない。

これにくらべて直流１５００ボルトでは電圧が高くないため電流が多く流れる。そのため離線があると発熱も多くなる傾向がある。

直流の電流は遮断しにくく、アーク放電が発生し、焼損事故になりやすい。

こうした違いが新幹線と直流電化の在来線にある。

一部の地下鉄で採用している第三軌条集電はパンタグラフではなく、台車に設けてある集電装置で集電している。この第三軌条はレールと同じものを用いて、これに電気を流しているが、このように断面積の大きいものには低電圧、大電流通電が適する。そのために第三軌条では直流６００または７５０ボルトといったものになっている。

電気料金はキロワットアワー（ＫＷｈ）で決まるので６００ボルトが１５００ボルトにくらべて電気料金が安いということにはならない。ワット数はボルトとアンペアの積で決まるからだ（Ｗ＝Ｖ×Ａ）。

参考までに記すと直流１ボルトは交流の０・７０７ボルト。交流１・４１４ボルトは直流の１ボルトになる。つまりルート２（$\sqrt{2}$）の関係である。

直流７５０ボルト≒交流１１００ボルト

であるから交流誘導モータは交流１１００ボルトを用いている。架線電圧が直流１５００ボルトの場合、直流モータの電圧は１台当たり７５０ボルト（1C4M制御）または375ボルト（1C8M制御）である。ただし1C4M制御でも永久直列制御では、4個のモータを直列にするため375ボルトとなる（1500÷4＝375）。

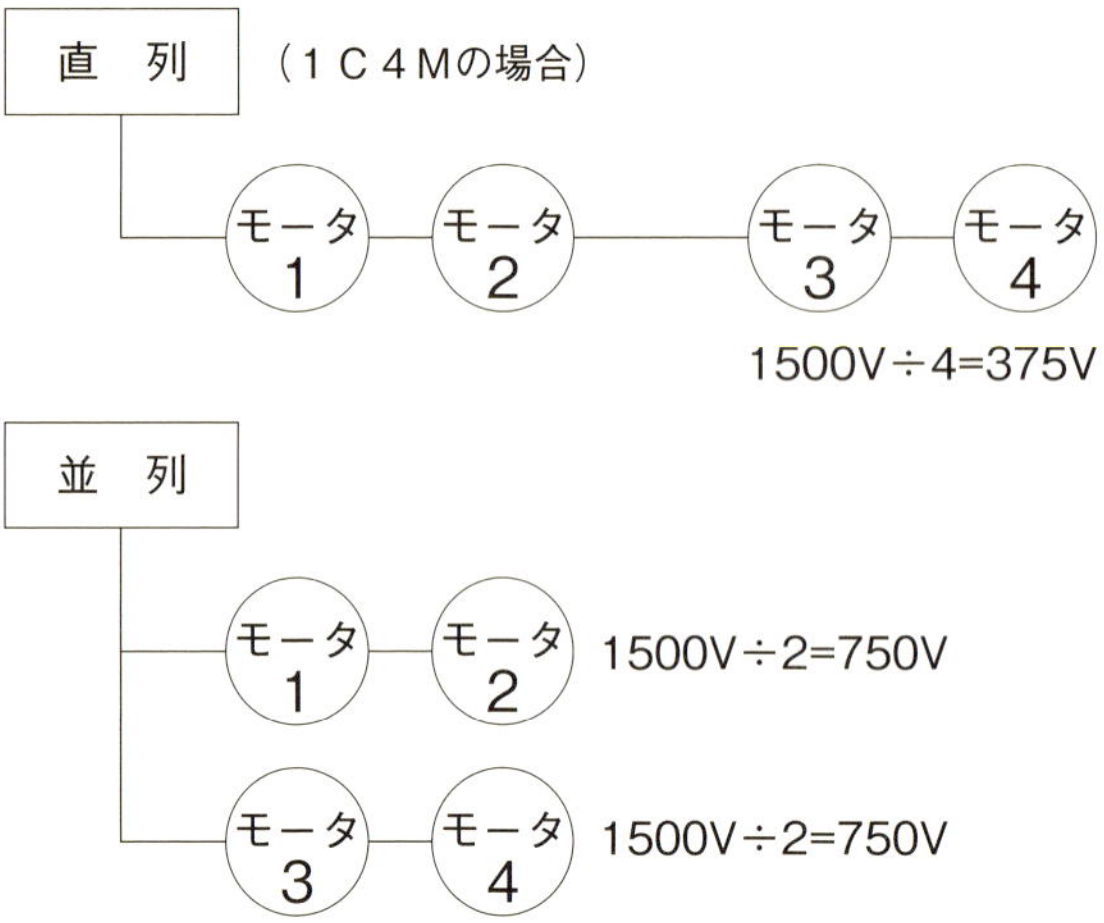

図14－２　１Ｃ４Ｍ制御における直列、並列の概念図。

1 Control 8Motors

…2 両で 8 台の主電動機を 1 台の主制御器で一括制御

1 Control 4Motors

…1 両で 4 台の主電動機を 1 台の主制御器で制御

M（Motor Car）……電動車、動力車　「モ」と表す

T（Trailer Car）……付随車　「サ」と表す

C（Control Car）……制御車　「ク」と表す

謎015 床下機器の謎

車両の下にぶら下がっているもの。

これにはさまざまなものがあるが、見た目の特徴として箱形か丸形である。

丸形はタンク類である。空気を溜めるタンクであって、元空気ダメタンク、供給空気ダメタンク、保安ブレーキ空気ダメタンクなどなどである。このタンクの下面にコックがついているものもあるが、それがドレン（水）抜き用バルブのコックである。圧縮空気はアフタークーラで除湿しているが完全にゼロにはできない。そこでタンク内にドレンが発生する。それを除去するためのバルブだ。

タンク類はすべて空気タンクである元空気ダメタンクから各種のタンクへ圧縮空気が供給される。

小形の箱類は各種のリレー装置、ヒューズ類が多い。

大形の箱類は制御装置、断流器、蓄電池、SIV装置、フィルタリアクトルなどである。あとは抵抗器が目立つ存在である。抵抗制御車で発電ブレーキ装備車はとくにこれが大きい。中には台車間のスペースの大半を占めるものもある。この抵抗器は、走行中の風で冷却する自然冷却式とブロワを使って強制送風冷却するものがあり、ブロワ式では抵抗器の単位面積当たりに占める熱容量を大きくできるために抵抗器を小さくできる。

抵抗器は主抵抗器のほかにもいくつかある。例を示すと界磁抵抗器、MG抵抗器、また一部のVVFインバータ制御車ではブレーキ抵抗器を備えていることもある。これは回生失効時や補足用に使用するものだ。

タンク類以外で大きな円筒形の機器があれば、それがMGである。SIVは箱形だがMGは回転機なので円筒形の外観をしている。

BL－MG（ブラシレスMG）は回転式インバータのことである。今のMGは直流入力、交流出力をするものが大半になっている。交流側は440ボルトで出力するものが多い。

最近の電車では床下機器のパッケージ化が進んでおり、昔の電車にくらべて床下がスッキリしている。

VVVFインバータ制御車ではIPM（インテリジェント・パワー・モジュール）化が進んだ。

また機器の集約化もひとつの傾向である。このため10両固定編成でSIVが編成で2台、CPが2～3台といったものも多い。この例ではSIV1台当たりの容量が210キロボルトアンペア程度になっている。

またCPはドア開閉の電動化で容量が減っており、1600リットル級のものが主流化しつつある。床下機器満載のクハやサハ、その反対に床下機器が少ないモハがあるなど、昔の電車と今の電車は全く異なるケースがある。

これは固定編成という思想が定着したためにみられる現象である。固定編成は列車の長編成化と密接な関係があり、今では10両固定編成もめずらしくない。そのため機器を無駄なく配置できるようになり、具体的には機器の大出力化による集約化を行っている。また各車両ごとの重量配分を近似させる方向で車両が作られるようになり、サハやクハにCPやSIVを装備する例が増えている。重量の平均化は輪重を平均でき脱線防止にもなる。

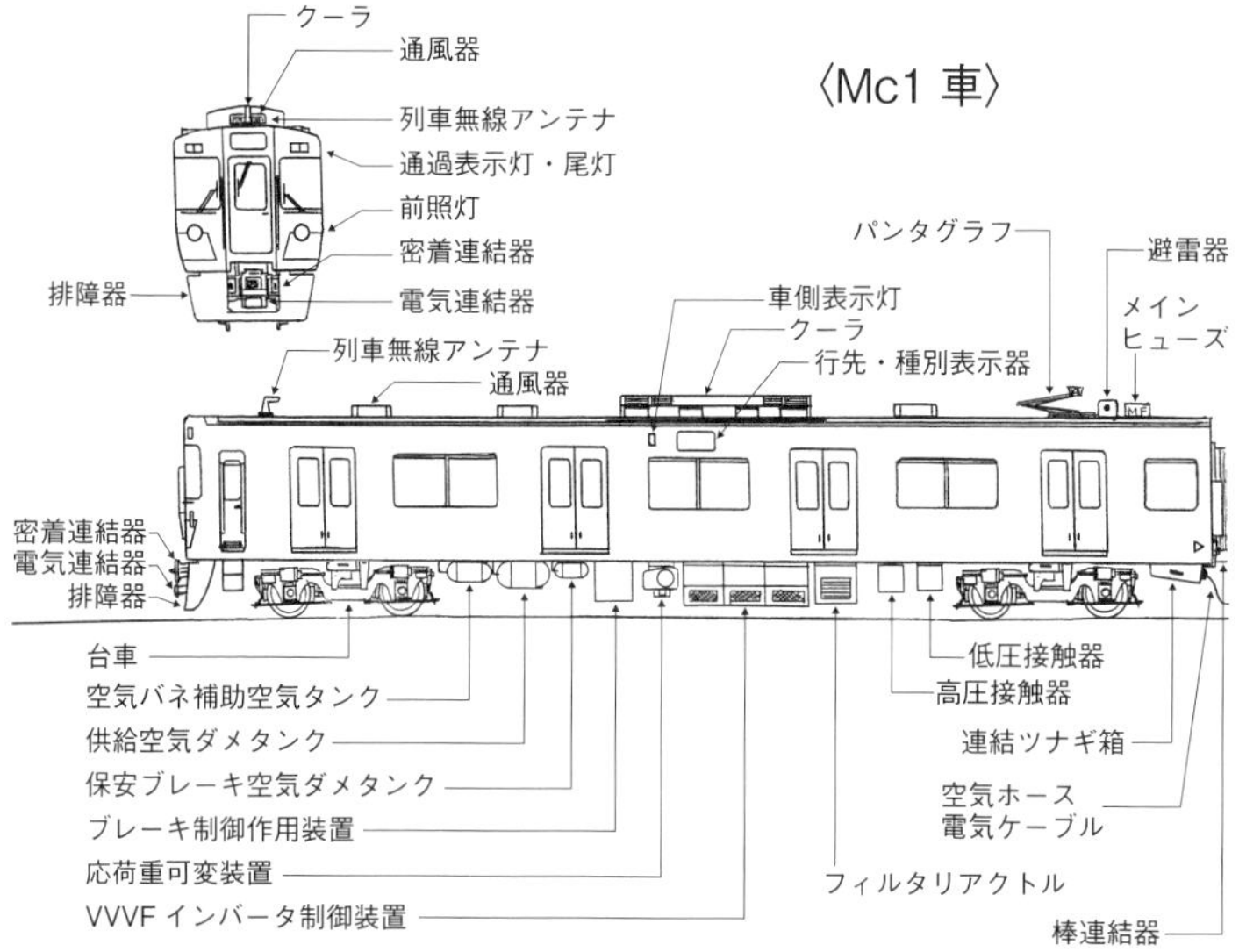

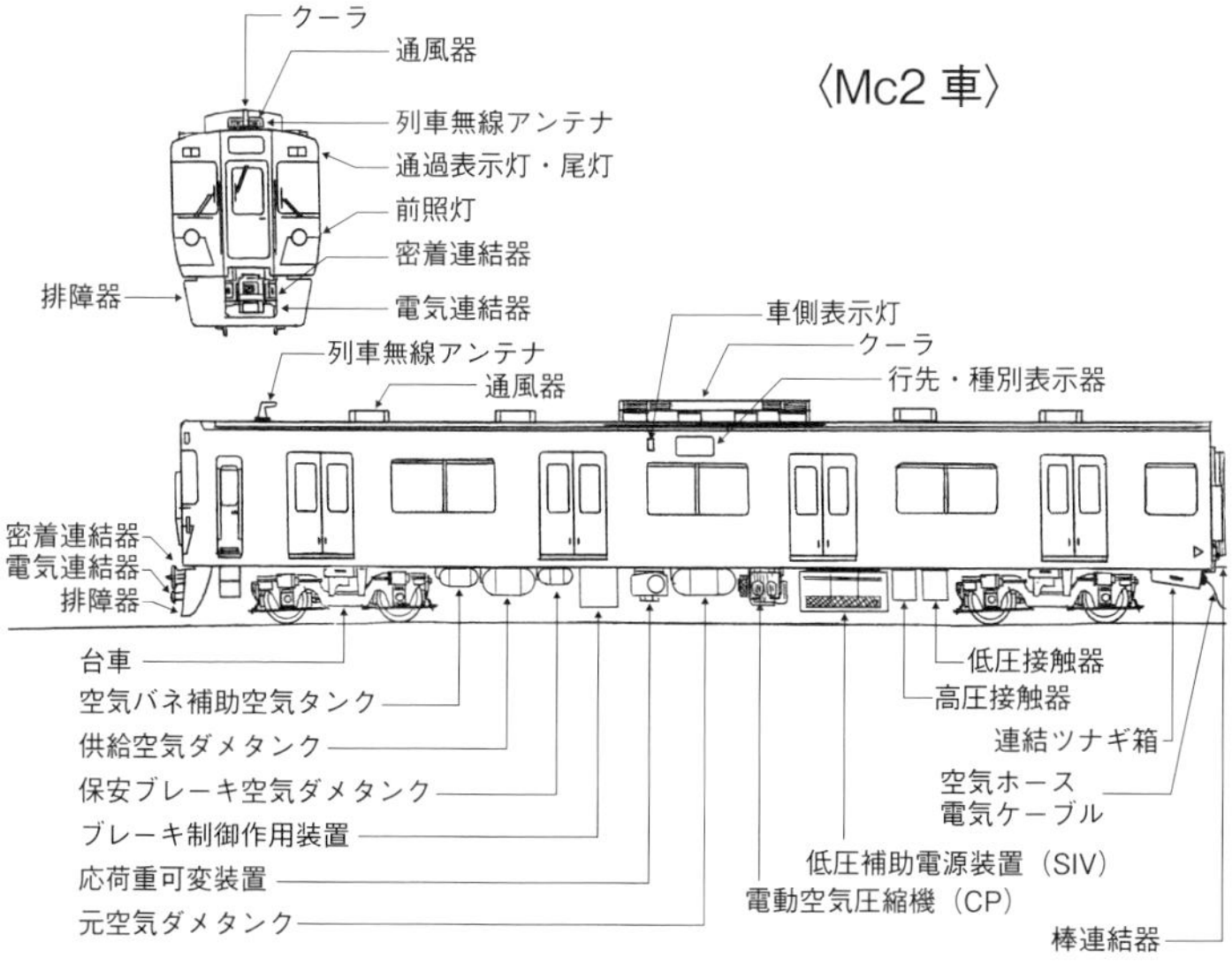

図15　電動車の一例。Ｍｃ１車とＭｃ２車とで床下機器が大きく異なる。

謎016

空調の謎

私鉄での本格的な冷房は、近鉄ビスタカーから。

電車における空調では、暖房に関しては古くから実施されている。座席下に設けたシーズヒータに以前は架線電圧を流していたが、冷房用の大容量補助電源装置が車両に装備されると、ここから得た電圧を流すようになった。高圧から低圧電源へ変更したことで安全性が向上している。

冷房についても当初からその電源を補助電源装置（MGまたはSIV）に求めており、1両当たり約30キロボルトアンペアが当てられている。クーラは通勤形車両1両当たり40000～50000キロカロリー時、定員乗車の特急車では30000～40000キロカロリー時の容量としたものが多い。

クーラは1台で全容量をまかなう大出力のものを屋根上に載せる集中式、数台のクーラで必要な容量をまかなう分散式に大別できる。ほかに床下設置のものなど、いくつかの方式がある。分散式には車内天井に風洞がなくクーラから直接冷風を吹き出すものと、集中式のように風洞を設けた集約分散式がある。

集中式や集約分散式では、軸流ファン（商品名ラインデリア＝三菱電機）で送風するものが最も多く、これがなく風洞口からスポット吹き出しするものもある。

家庭用エアコンでおなじみのヒートポンプ機能を持つものも増えてきたが、エアコンによる暖房だけでは不充分だとしてシーズヒータ暖房と併用するものが主流になっている。

除湿運転可能なエアコンではエアコン内部にパネルヒータを設けて再燃除湿する方式が増えてきた。

クーラコンプレッサのスクロール化、インバータ化も増え、車両用クーラ（エアコン）も進化を続けている。

私鉄車両の本格的冷房化は近鉄ビスタカーから始まった。

その後すぐに東武１７００形、１７１０形。小田急３０００形ＳＥ車が続くが、東武、小田急はともに冷房化改造車である。

通勤形では京王５０００系、５１００系から実施された。１９６８年のことだ。

ただし特別料金不要な冷房車ということであれば名鉄５５００系のほうが京王より早いが、これは２扉クロスシート車である。

今では、あって当たりまえの冷房も、昭和40年代後半から始まったサービスであり、それ以前は名鉄をのぞくと有料特急（東武は急行１８００系をふくむ）のみであった。

通勤形車両が次々と冷房化されるのは昭和50年代に入ってからである。冷房改造工事が進行するとともに新造車は冷房付きが当たりまえになる。通勤電車が冷房化されると、それを追う形で路線バスが冷房化されていく。

昭和50年代は車両接客サービスが大きく進歩した時代であったといえる。

謎017 車両から聞こえてくる音の謎

電車の停車中にする音は何だろう。

走行音を別にしても車両から聞こえてくる音はいくつかある。

もっとも大きなものは電動空気圧縮機の動作音だろう。この装置でブレーキやドア開閉に必要な圧縮空気をつくっている。すべての車両にあるものではないが編成中の1両以上に必ず装備しており、CP（コンプレッサ）と表記することもある。1分間に1キロリットルから2キロリットルの圧縮空気をつくるものが多い。このCPは自動運転される。元空気ダメタンク内の圧力が600キロパスカルに下がると始動して、800キロパスカルに達すると停止する。レシプロ（往復ピストン）式が多いが、ロータリー式（スクロール式）のものもある。このCPでつくられた圧縮空気は高温多湿なので、アフタークーラという装置で冷却除湿をして、乾燥した圧縮空気を元空気ダメタンクへ送っている。空気中に水分が多いと各種の弁や管のサビの原因になるからだ。

次に電動発電機の回転音がある。この装置をMG（モータジェネレータ＝電動発電機）とも記す。ここで発電した低圧電力で空調、制御、電灯などを作動させる。新しい車両では、このMGではなくSIV（スタティックインバータ＝静止型補助電源装置）というものを用いることが多い。このSIVからはジーンという感じの音が聞こえる。

これらもすべての車両にあるわけではなく、編成当たり1両以上の車両が装備している。

ＣＰ、ＭＧ（ＳＩＶ）は必ずしも電動車が装備しているわけではなく、モータのないサハやクハに装備する例も少なくない。

他ではクーラの音、空気ブレーキの吐出音（停車中などにブレーキを緩めた場合）、空気バネ内圧の調整音などが聞こえてくる。

また一部の抵抗制御車では主抵抗器の冷却をブロワ（ファン）で冷却しているので、その音が大きい。ゴーというファンの回る音がしている。私鉄には少なく、小田急５０００系、５２００系などがこれに当たる。

ＪＲの新性能車（１０1系以降）は、このブロワ強制冷却である（ただしＶＶＶＦ車やサイリスタチョッパ車を除く）。

長時間停車では運転士の判断で、このブロワを停止させ、発車直前に始動させることがある。このため発車間際に突然床下から大きな音が聞こえてくるときがある。

電車から発する音はだいたい以上示した音だ。

なお走行中に、やたらと大きな音を発する車輪があるが、これはフラット車輪というもので真円形であるべき車輪の一部分が扁平になっているため車輪回転音が大きい。フラット車輪はブレーキ過多による滑走で生じる現象である。一種の整備放置だ。このフラット車輪は早期に削正するべきである。

第2章

鉄道構造物の不思議

謎018

駅の構造の謎

駅にも種類がある。

一般的には駅ということで表現されてしまうが、これには停車場と停留場がある。

停車場とは出発信号機や場内信号機があり、構内が存在する。停留場にはそれがなく、閉そく区間といって信号機（閉そく信号機）と信号機の間にホームがあるものをいう。

特急や急行が停車し、乗降客数が多い停留場もあれば反対に各停しか停車しない停車場もあり、その駅の大小のことではない。

待避線や上下線間に渡り線があるものが停車場であり、ないものが停留場に当たる。

停留場を棒線駅という場合がある。

終端駅は、たとえ上下2本の線路しかないものでも必ず上下線間に渡り線（クロス）があるので停車場になる。

これが基本だ。地下駅、橋上駅あるいは上下線の間にホームがある島式ホーム、上下線別にホームがある対向式ホームなど、いくつかのパターンがあるが、それらは見た目上の相違に過ぎない。

橋上駅とは鉄橋上にあるものではなく、駅の改札や出札が線路の真上、上階部分に設けた駅のことだ。以前は上下線ホーム間の通路が構内踏切で結ばれていたが、通過列車があると危険なので地下通路や高架通路で結ばれるようになった。バリアフリー化に逆行するが、今はエレベータやエスカレータで上下移動をサポートしている。

地下駅とは、ホームそのものが地下にあるのではなく、出札や改札が地下にあり、ホームは地上にある駅のことである。これは橋上駅と逆のパターンに当たる。

建設費は橋上式のほうが安いので、数は多い。地下式のほうが階段数が少なくて済むので以前のようにエレベータもエスカレータもなかった時代にはホームへの（からの）アプローチがしやすいというメリットがあった。橋上式の場合だと電車が通過できる空間を確保する必要から、そのぶん高い位置に出改札を設けなくてはならない。地下式では人が通行できる空間を確保すれば済む。だから階段数を少なくできる。現在ではエレベータやエスカレータがあるので、橋上式と地下式とでアプローチのしやすさに差はない。

関東では京王が、関西では京阪が始めた冷暖房完備のホーム待合室が各社に広がりつつあり、これは大変良い乗客サービスである。

駅もひと昔前にくらべて大きく変化してきた。トイレがきれいになった点をとくに評価したい。生活水準の良し悪しが駅にストレートに表れているといえよう。

駅の配線などについては、いくつかのパターンがあるが、代表的なものとして次のものがある。

a　島式2線形

上下線の間にホームが1面あるもの。

この形式の欠点はホーム進入で線路の上下線間隔を広げてホーム幅を確保するため、上下両線またはどちらか1線にホームの前後で曲線が入ることだ。速度制限区間となり列車通過時のネックになりやすい。

b　対向式2線形

もっとも単純な構造で上下各線別に進行左側にホームがある。対向2線ホームともいう。

c　島式4線形

上下各線に本線と副本線があり列車の追い抜き

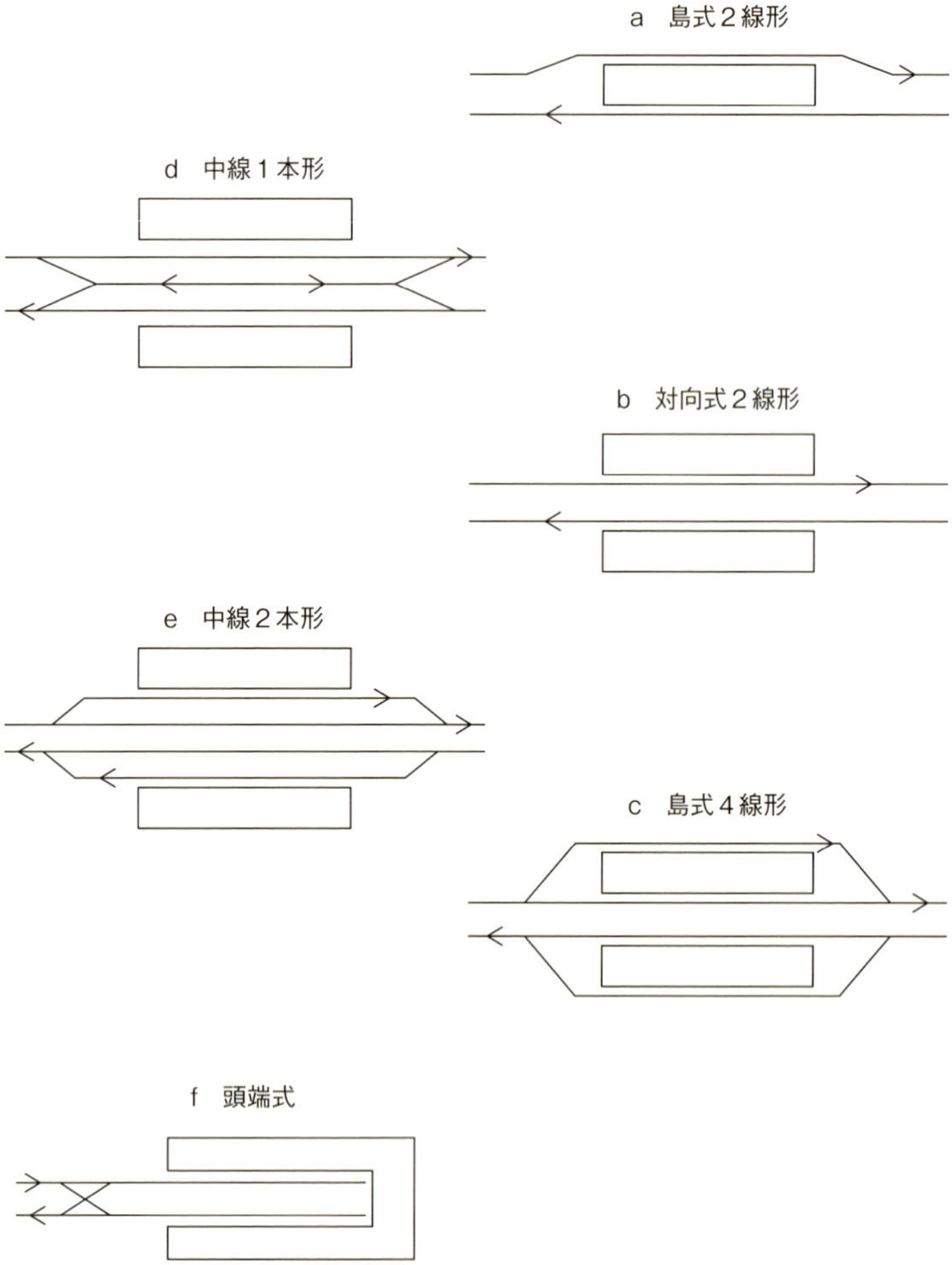

図18－１　駅の配線の主な種類。

ができる構造をしている。

d　中線1本形

対向2線式の上下線間に通過線が1本あり、この通過線を上下列車が走行するもの。

e　中線2本形

中線1本にもう1本加えて上下線別に通過線があるもの。

f　頭端形

いわゆる行き止まりホームで終端駅の多くがこれに当たる。

このほか島式2線形の外側に通過線があるものなど、いくつかのパターンがある。

待避線（副本線）の出口側に安全側線といって、万一、待避列車が所定の位置に停車できず冒進《ぼうしん》して本線に入り込む危険を防止する配線もある。この安全側線手前に脱線ポイントを設ける例がある。脱線ポイントというものはその名前のとおり、列車を脱線させることで副本線から本線へ列車が停止信号（出発信号機の停止現示）を越えて進入しないために設けたものである。ただし、安全側線には賛否両論があり、かえってこれがあるために事故を拡大させた事例がある。通常、この安全側線を設ける例は少ない。脱線ポイントも、万一中高速で進入した場合などかえって危険だとする意見もある。

図18－2　脱線ポイント。（小田急電鉄相模大野駅、2010年4月22日著者撮影）

謎019 ホーム有効長と車両

編成を長くするならホームも長くしなければならない。

ホーム有効長とは列車編成長に対応できるホームの長さのことであるが、ホーム有効長で列車編成長が決まるのが普通である。1両が20メートルの場合、10両編成で200メートルになるから、これに余裕を見て210メートルにホーム有効長を設定している。例外としてホーム有効長から列車がはみ出すこともあり、この場合にはホームにかからない車両のドアだけを閉め切り扱いで対応している。どうしても1駅か2駅、ホーム有効長を確保できない場合に行う方法が、この閉め切り扱いである。

ホームの前後に踏切道やトンネルがあるとホームの延伸が困難になる。踏切道は鉄道事業者の独断で廃止できない。道路管理者（多くは自治体）の許可が必要になる。

踏切道は鉄道と道路、どちらに優先権があるかだが、法律上は道路側に優先権がある。列車通過時に道路交通を一時的に遮断して列車を通過させてもらっているに過ぎない。だから踏切道を終日にわたって閉め切ることは本来違法行為に当たる。1時間に1〜2分しか開かない踏切道があるが、これは結果的にそうなっているに過ぎないのである。

踏切道を廃止できればホームの延伸が可能だが、それができない例が多く、結局は車両の一部のドアを閉め切ってホームからはみだす形で停車する

図19−1　東京急行電鉄九品仏駅では、ホームにかからない車両（二子玉川よりの１両）のドアは停車中でも開かない。上下線の電車が同時に到着すると、上の写真のような状態になる。「危険」の看板のすぐ向こうは踏切内。（2010年４月18日編集部撮影）

図19−2　京浜急行電鉄梅屋敷駅では、横浜よりの２両がホームからはみ出して停車する。現在進行中の高架化工事が完成すれば、新しいホームではすべての車両のドアが開く。（2010年４月18日編集部撮影）

ことになる。

編成長がホーム有効長ギリギリといったケースではブレーキ操作ミスでオーバーランしてしまうと支障が大きいのでＴＡＳＣ（Train Automatic Stop Control＝駅定位置停車装置）の導入をする例もある。いわゆる自動停車装置だ。

これと似たものにＯＲＰ（Over Run Protection＝過走防護装置）というものがある。これは終端駅などで列車が車止めに突っ込むことを防止している。

いずれもＡＴＣやＡＴＳを活用したシステムである。

ホーム有効長は長いに越したことはないが土地にゆとりのない都市部では、これの延伸がもっともむずかしい。長編成化に不可欠な要素であるが最大のネックである。

とくに私鉄は２～３両の短編成で開業したために輸送力増強策の目玉である長編成化と、それに必要なホームの延伸工事が経営上の重圧として長年存在してきた。

曲線長大ホームでは発車時の安全確認がむずかしいが、これはテレビカメラ（ＩＴＶ）の導入で安全を確保している。

また乗客がホームから転落した場合、ホーム下のマットやピアノ線と接触することで警報装置が鳴動すると同時に、進入列車に対して危険を知らせる赤色発光灯が点灯する設備を備えた駅もある。

地下鉄におけるホーム延伸工事はまず不可能というのが現状である。なぜかといえば地下には多くの埋設物がある例が多く、これらとの関係上ホーム等の駅施設の拡張工事をやりたくてもできない場合が大半であるからだ。

また、たとえできたとしても、その建設費用が莫大なものになってしまう。このため、よほどの理由、それは新線との連絡上において必要不可欠な場合などを除いて、なかなかできないのである。

謎020 レールと軌道の謎

枕木は、木からコンクリート、合成、そしてラダー枕木へ。

バラストとよばれる砂利の上に枕木をならべてレールを敷設する方法が多いが、この方法は建設コストが低いというメリットがある反面、道床（バラストなど）のメンテナンスを常に行う必要がある。列車が通過することでバラストが緩んだり、かたよったりするからだ。それらをマルチプルタイタンパー（通称マルタイ）で修正しなくてはならない。

レールを持ち上げて枕木の下に均一になるようバラストを入れることでレールを水平に保持する作業である。マルタイでこれを自動的に行うが、人手を要する作業も多い。

そこでコンクリート製の道床に防振パッドをはさんでレールを締結するスラブ軌道など、いくつかの方法が生まれたが、部分的使用にとどまり全線に至っていないのが大半の鉄道線である。

砕石道床といって細かく砕いた砂利を用いたりして負荷重量の均一分散化をはかったり、ラダー枕木といってレールと同方向に敷設することで負荷重量を平均化させ、低騒音化をする例が増えてきた。

枕木が木からＰＣコンクリート化されて久しいが、ポイントや無道床橋梁上では合成枕木が使用されている。

今後は前記したバラストラダー枕木が増えていくだろう。

図20−1　以前からよく見かける枕木は、このようにレールと直角に敷かれている。写真は、コンクリート製のＰＣ枕木とバラスト道床。（西武鉄道西所沢駅、2010年４月24日著者撮影）

図20−2　新しく敷設された枕木では、レールと同方向に置かれているもの（ラダー枕木）がある。（小田急電鉄南新宿駅、2010年４月23日著者撮影）

一方、レールも重軌条化されており50キログラムレール（1メートル当たりの重量）が標準になっている。ひと昔前は37キログラムレールが多くを占めていた。さらに60キログラムレールも増加しつつある。

レールは重いほうが乗り心地が向上する。

鉄道の欠点はレール継ぎ目（ジョイント）にあり、ここを通過するときに騒音と振動が発生する。そこで継ぎ目を溶接したロングレール化を進めている。ほぼ200メートルを1本のレールとして溶接する例が多い。

これで低騒音化と乗り心地が向上する。

またポイントも、弾性ポイントといって密着度が高いものを用いることで騒音と振動が改善されるようになった。これは従来のポイント構造にくらべてレールの継ぎ目が少なく、レール間のスキ間を最小限にすることで静かでナメラカなポイント通過を可能にしたものである。

環境に配慮して走行騒音の低減へ向けて軌道の改良が進んでいる。

また安全性を高めるべく護輪軌条の設置がある。これはガードレールに相当するもので、レールの内側にレールと平行して設置されており、曲線区間を中心に設けてある。レールからハズれようとした車輪をレールに押しもどす効果がある。

図20−3　脱線を防ぐための護輪軌条。上にあるレールの内側に設置されている。（西武鉄道西所沢駅、2010年4月24日著者撮影）

謎021 軌間（ゲージ）の謎

広軌、標準軌、狭軌といろいろあるが……。

レール間の幅を軌間（ゲージ）というが、それには大きく分けて広軌、標準軌、狭軌がある。標準軌とは軌間が1435ミリメートルのものを指し、これより広ければ広軌、狭ければ狭軌である。

日本では1067ミリメートル軌間が多いことから、これを基準にして1435ミリメートル軌間を広軌という人がいるが、これは日本流の表現でしかない。

日本ではほかに1372ミリメートル軌間、762ミリメートル軌間がある。前者を偏軌という場合があり、後者をナローとよんでいる。

関西私鉄に標準軌が多く、阪急、阪神、京阪、近鉄（除く南大阪線系統）がそれだ。

一方の関東私鉄で標準軌を用いているところは京急と京成だけである（地下鉄や第三セクターを除く）。中小をふくめると新京成、北総、芝山があるが、これらは京成と一団と見なしてよい。

変わったところでは京王（井の頭線を除く）の1372ミリメートル軌間がある。

私鉄ではないが東京都営地下鉄は、1435ミリゲージ（浅草線、大江戸線）、1372ミリゲージ（新宿線）、1067ミリゲージ（三田線）と3種類の軌間を有している。これは大江戸線を除き、相互直通する私鉄に合わせた結果だ。東京メトロも銀座線、丸ノ内線が標準軌だが、他が狭軌なのは相互乗り入れの相手に合わせた結果である。銀

表21　都営地下鉄は、路線ごとに軌間が異なっている。

路線名	軌間	備考
浅草線 （西馬込〜押上）	1435ミリメートル	京急、京成と相互直通
三田線 （白金高輪〜西高島平）	1067ミリメートル	東急と相互直通
新宿線 （新宿〜本八幡）	1372ミリメートル	京王と相互直通
大江戸線 （都庁前〜光が丘）	1435ミリメートル	リニアモーター地下鉄

座、丸ノ内の2線のみ相互乗り入れを行っていない。軌間は広いに越したことはないが、狭軌においても充分な輸送力はある。現状で不都合はない。

都内では軌道線の東急世田谷線と都交荒川線も京王線と同じ1372ミリメートル軌間である。京王線はかつての軌道線時代の軌間を変更せず現在に至った唯一の鉄道線である。

かつては京成も1372ミリメートル軌間であったが、都交1号線（今の浅草線）との相互乗り入れで標準軌である1435ミリメートル軌間へ変更（改軌）した。これは将来、京急と三者直通運行を予定していたからである。京成と都交との相互乗り入れは1960年（昭和35）、都交と京急のそれは1968年（昭和43）であった。

謎022 鉄橋の謎

有道床の鉄橋が増えてきた。

河川を越えるもの、道路や鉄道を越えるものがあるが、いずれも鉄橋と一般によばれている。正しくは「橋梁」という。必ずしも鉄製とは限らずコンクリート橋もあるからだ。

まずは鉄橋から記す。

大きく分けてトラス橋とプレートガーダー橋がある。橋脚と橋脚の間を支間というが、プレートガーダー橋はこの間が短い。したがってワンスパンで越えるような短い鉄橋に多く、これで長大河川を越える例もあるが、橋脚数が多くなる。水深の浅い河川で用いられる方式だ。

水深が深いと、そこへ橋脚を立てるケーソン工事（基礎工事）が大変であるから、橋脚はできるだけ少なくしたい。そこで登場するのがトラス橋である。トラス部分で荷重を受け、それを橋脚へ分散させるため橋脚数を少なくできる。トラス部分の直材と斜材で圧縮と引張を受けることで荷重を支える。

これにはトラスの組み方で、いくつかの名称がある。いちばん有名なものがワーレントラスだ。次にプラットトラスがある。それぞれに直弦式と曲弦式がある。このほかにもハウストラスやポニートラスがあるが鉄道橋ではあまり見かけない。ハウストラスは木橋に多くある。

次に下路《かろ》式、中路《ちゅうろ》式、上路《じょうろ》式という分け方がある。これは軌道が鉄橋のどの部分を通るかの違いで、下路式がもっとも多く、これはトラスにかこまれた中を通る。列車は上下左右をトラスにかこまれる。よく目にするトラス橋だ。上路式は軌道面の下にトラスが組まれたもので、地表面（水面をふくむこともある）からケタ高がかなり高い場合などに多く用いられ、トラス下部に橋脚がある。つまり橋脚の高さを低くおさえられるメリットがある。橋脚高にトラス高が加わるからだ。すべてのトラスは転落防止用にあるわけではない。

下路式、上路式、中路式に共通していえることであり、トラスはあくまでも構造部材である。

中路式は希少で、東武鉄道隅田川橋梁がこれに当たる。トラスの中段が軌道部となる。

鉄橋の多くは無道床だが、有道床式も増加している。有道床橋は建設費がかかるが、走行音を低減でき、メンテナンス上も有利である。

これはコンクリート構体にバラスト軌道やスラブ軌道などを設けたものである。このコンクリート構体をトラス構体上に設けるか、または橋梁そのものをPCケタとするか、これにも種類がある。PCとはプレキャストコンクリートを指し、あらかじめ工場で生産したコンクリート部材を現場で組み上げるものをいう。いずれの形態もコンピュータの発達で構造計算がしやすくなり、橋梁自体のスリム化が可能になった。

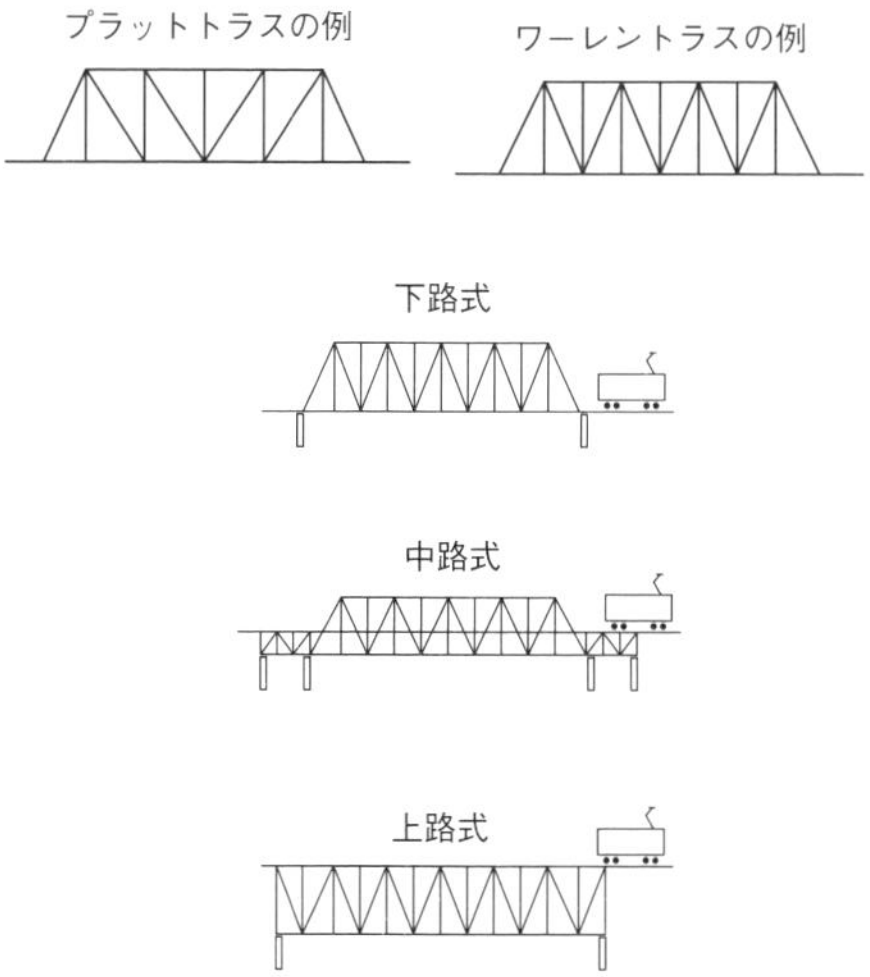

図22　鉄橋の種類と分類。

謎023 トンネルの謎

山をくり抜くのも川や海を通過するのもトンネル。

トンネルは、その目的別にいくつかの種類がある。山岳や丘陵部を抜く山岳トンネル、都市部の地下に建設するもの、河川や海底を通過するものなどである。

その形状は大きく分けて箱形とアーチ形が存在するが、箱形断面は都市の公道を開削工法で建設する場合や河川部を潜函《せんかん》工法で通過するときに採用されるもので、通常はアーチ形の形状をしたものが多い。

地下鉄に乗ると、このトンネル形状で、その区間の工法がよくわかる。

長大な山岳トンネルを掘削する場合に用いられるダイナマイト発破で岩石を砕くやり方は、都市部での採用は当然できない。

もっぱらシールドマシンで地中をくりぬく工法になる。軟弱地盤や出水の多い箇所では薬剤や圧縮空気などで止水し、トンネル建設を進行することになる。

山岳トンネルでは、そこが複線区間の場合、上下線を別穴にする単線並列式と、上下線を一括してひとつの穴に通す複線式がある。

建設年次の古いものに前者の単線並列式が目立つ。それは複線式にくらべて掘削断面積が少なくて済むからだ。2本を別に掘るほうが大変だと思われるが、実はそうではない。

ただし、トンネル内で列車が脱線した場合には、単線トンネルだと復旧に手間取ることになる。
トンネルは鉄橋のように全体像を見ることができないので、その存在は坑口しか確認ができない。それもあってか坑口にデコレーションを施す例が多く、へん額といって坑口直上部にデコレーションプレートを飾ったりする。私鉄にはあまり例がないが、旧国鉄のトンネルには散見される。だが、ひとつのトンネルにふたつの名前がある大変にめずらしいものは私鉄にもある。

江ノ島電鉄の長谷－極楽寺間にあるトンネルがそれだ。極楽寺方の坑口には「極楽洞」、長谷方の坑口に「千歳開洞」とある。

余談であるが、ＪＲ東日本の横須賀線、鎌倉－逗子間にある名越トンネルは、同名の道路トンネルとほぼ並行しているが、この道路トンネルは幽霊が出るといわれて有名なのに、鉄道トンネルのほうにはそうした噂は聞かない。

さすがの幽霊もＥ２１７系、15両編成には太刀打ちできないのであろうか。

トンネルは異次元空間への入り口と思えるのかこの手の話が多いが、鉄橋にはあまり聞かない話である。

ちなみに地下鉄は、墓地の下を走る区間もあるが、幽霊ばなしは全く聞いたことがない。

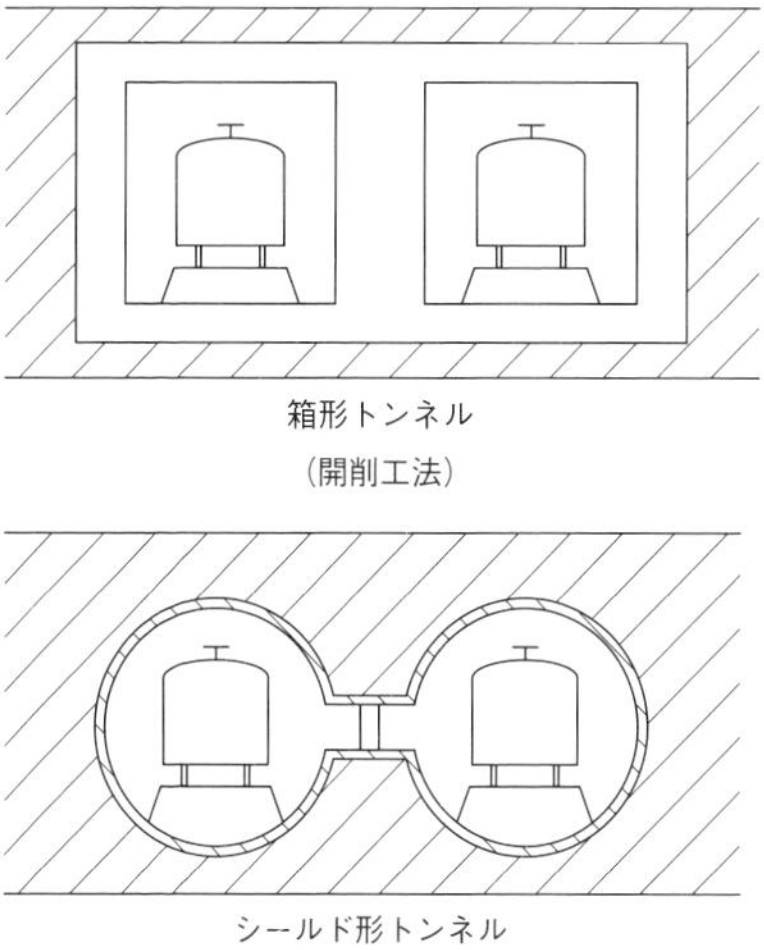

図23　トンネルの種類。

謎024 架線の謎

断線したときは、すぐに送電が止まる。

架線は電力を車両に供給するものだが、これをトロリー線あるいはまた電車線ともいう。トロリーバスの語源にもなっているものだ。電力会社から交流22000ボルトまたは66000ボルトで送電されてきた電力は鉄道会社の変電所で、これを直流1500ボルトへ降圧整流して電車線に送電している。中には直流600ボルトや直流750ボルトも存在しているが、数の上ではそう多くない。

なぜ変電所へ交流特別高圧で発電所から送られてくるのか。

これにはふたつの理由がある。

ひとつは商用電力が交流であること。あとのひとつは長距離送電にともなう電圧降下を防ぐためである。

これをシリコン整流器などで直流変換する。直流電化区間では電車線にプラスが流れ、レールにマイナスが流れている。

電車線は硬銅線《こうどう》が使用される。通電率がよく、抵抗が少ないからである。

銀はもっとも効率がよい物質だが、コストが高い。中には銀入り銅線もあるが使用例は少ない。

この電車線は吊架線《ちょうか》で支持されている。

電車線へ饋電《きでん》（電力を供給すること）する電線を饋電線という。

電車線がたるむと垂れ下がり、これにパンタグラフが絡むと危険である。そこで電車線は一定の引張力が与えられていて、ピンと張った状態に保たれている。架線支持柱（電柱）に滑車を介してコンクリート製のおもりがあるのはそのためであり、これを張力安定装置という。最近ではスプリングを用いたものが増えてきた。

電車線の吊架方式としてもっとも多く用いられているものがシンプルカテナリ式である。吊架線1本で電車線を支持している。

電車線はパンタグラフのバネ力で押し上げられており、列車走行密度が高い区間ではツインシンプルカテナリ式といって電車線と吊架線を2本近接して張るものや、コンパウンドカテナリ式といって電車線と吊架線の支持方法を強化させたものがある。

また地下鉄や地下区間では、剛体架線が用いられる場合がある。これはおもにアルミ製の台座に電車線を取り付けたもので、断線対策としてその防止に有効である。

高圧電気が流れている電車線が断線すると危険であるから、万一、断線が発生したときには変電所にある高速度遮断器で停電させる仕組みになっている。

変電所ごとに給電区間が分かれているが、事故電流が列車のパンタグラフを経由して健全区間に流れ出す危険がある。するとと健全な変電所まで異常状態になるので、このトラブルを防ぐために電車線にセクションオーバー区間という一種の無加圧（通電されていない）区間を設けるのが通例である。

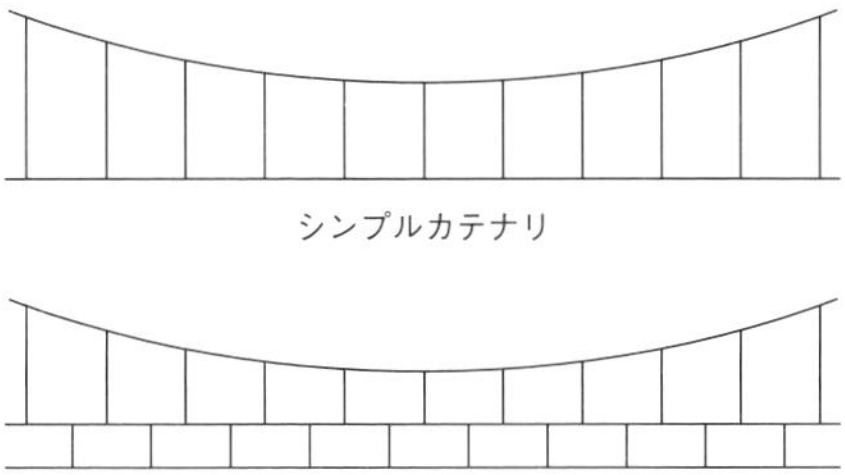

図24　シンプルカテナリとコンパウンドカテナリ。

謎025 列車の運行はどこで制御しているのか

コンピュータ化しているが、乱れたときにもどすのは人力。

複数の信号機や分岐器（ポイント）をどこで誰が制御しているのか。思えば謎である。

その昔は各信号所でダイヤ、運行状況にもとづき行っていた時代もあった。異常時には電話連絡などで伝達していたのだが、現在では、列車集中制御（ＣＴＣ＝Centralized Traffic Control）を高度化して運行指令室で全線を一括管理しているケースが大半である。これにも中央集権形と地方分権形があり、それぞれ一長一短ある。また、管理は中央で制御は地方で行う方式もあるなど決してひとつではない。中央のホストコンピュータは全ダイヤ情報を有し、各停車場では自駅ダイヤ情報を端末機でデータファイルしている。正常運行時には中央で一括制御を行うが、この装置がダウンしても各停車場での制御が可能である。これが最新のやり方である。

全くの中央集権形だとホストコンピュータがトラブルを起こした場合、全線で列車が走れなくなってしまう。

どの方式を採用するのかについては、その会社の路線形態などで変わってくるので必ずしも中央集権形がよくないとはいえない。例えば東京メトロのように、路線数は多いが各路線が完全に独立（相互乗り入れはあっても）しているケースでは中央集権形が適するが、西武鉄道をはじめ路線数も多く各線へ列車が直通運行する私鉄ではそうとはいえないのである。

相互乗り入れは、異常時だけ乗り入れを停止してしまえばよい。

ダイヤは正常時であれば粛々とコンピュータ入力データにもとづいて実行されるし、微少な乱れはコンピュータにその修復機能がある。しかし乱れが大きくなると、どのスジを生かしてどのスジを殺すのか、その判断は指令員の経験とウデにかかっている。

パターンダイヤでは1サイクルおくらせば正常ダイヤにもどる。その場の策だけではなくダイヤ全体から考えて対応する必要が求められる。であるから、いくら中央制御化しコンピュータの力があっても最後は人手によることになる。

現在の列車運行制御の原点はCTC装置ともいえるが、これは昔のタブレット閉そく、スタフ閉そくを自動化したようなもので、私鉄ではおもに単線ローカル線区で使用している。このCTCとPTC（Programed Traffic Control＝プログラム列車制御装置）を合体したようなTTC（Totalized Traffic Control＝総合列車制御）が現在の列車制御装置へ高度化した。

各社ごとに自社線に最適化した装置を開発し使用している。西武鉄道で使用しているセムトラックという制御装置などが、その代表例である。

西武鉄道におけるセムトラックは管理は集中、制御は分散としたシステムの好例であり、このようなシステムを構築することで、万一なんらかのトラブルが発生した場合でも、その拡大を局地的におさえることを可能にしている。

こうしたコンピュータを用いての列車運行管理システムを導入した私鉄は多く、大手私鉄のすべてで使用しているものだ。

導入が早かった私鉄として京王帝都電鉄（現在の京王電鉄）がある。1971年にPTC装置とCTC装置を統合したTTC装置を導入した。

謎026

勾配の謎

都内でも、京浜急行の品川−泉岳寺間の上り線は38パーミル!!

鉄道にとって勾配は難所であり、なるべく平坦な路線が望ましいが、全く勾配をなくすことは不可能に近い。

蒸気機関車にくらべて電車はパワーがあり、1000分の50程度なら走行できる。中には箱根登山鉄道の車両のように1000分の80を走行する車両もある。

勾配に強い車両にするには、トルクつまり引張力を高める必要があるが、そのために駆動装置の歯車比を大きくすると、逆に高速性が低下してしまう。これには弱め界磁率というものを小さくするとか、モータに定格回転数の速いものを用いるとか、いくつかの対処法はある。もちろん編成中に電動車を多くしたり、モータ出力を大きくする手もある。

では勾配でどのくらい速度が低下するのかだが、これは大ざっぱに記すしかない。

平坦ならば110キロで走行できる1M1T編成を仮定し、モータ出力を130キロワット、歯車比を5・5と考えてみる。

25パーミル、つまり1000分の25の勾配で約85キロとなる。これを勾配抵抗という。この仮定は線路が直線の例であり、曲線だとさらに曲線抵抗が加わる。

細かくいえば、レール表面が乾燥しているのか、濡れているのか、乗車率はどうなのか、さまざまな要素で左右される。

短区間、例えば地下線の出入り口付近や他の線路を立体交差で越える場合などであるが、ここには30〜40パーミル程度の場所がある。

都内では京急の品川−泉岳寺間上り線に38パーミルがある。これはかなりの急勾配だ。

これとは別に連続して何キロメートルも続く勾配となると、25パーミル程度が通常の最大値だ。こうした連続勾配区間を走る車両には、下り走行時を考慮して抑速発電ブレーキがあることが望ましい。

都市部に限って見れば、JR線よりも私鉄線のほうが急勾配が多いが、これはJR線は旧国鉄が建設したものがほとんどであり、用地費や建設費を多くかけた結果である。また、かつての電機や蒸機けん引列車の走行を考えて、勾配をゆるくしている場合もある。

東海道線の六郷川（多摩川下流）橋梁へのアプローチを京急と比較してみると、このことがよくわかる（東京都大田区側。川崎側は京急が高架線からのアプローチになっている）。

急勾配にはリニアモータが有利とはいえ、その効率の低さから経済的な問題が残る。

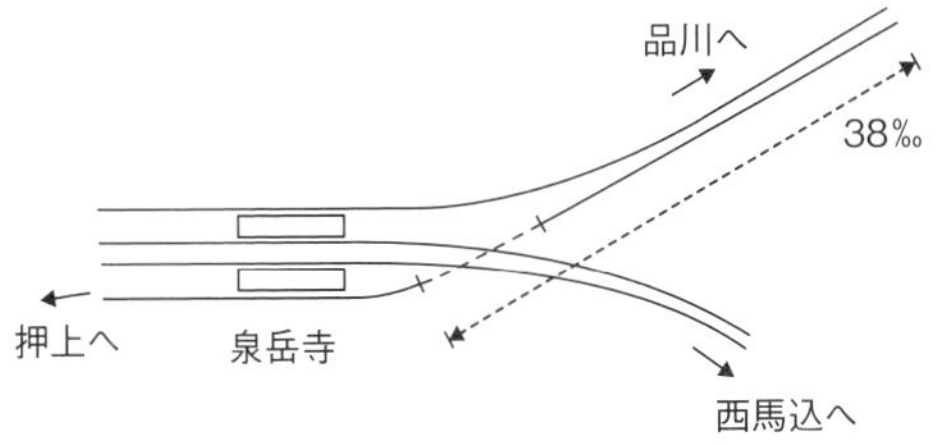

図26　京浜急行電鉄品川駅から東京都交泉岳寺駅へ向かう途中に、38パーミルの急勾配がある。

謎027 ATS（=Automatic Train Stopper）の謎

ATSと信号の関係。

ATSとは列車自動停止装置のことであり、これにはいくつかの種類がある。

大別すると、点制御式と連続制御式とに分かれる。さらに非常ブレーキだけを使用する方式と、常用ブレーキと非常ブレーキの両方をその状況で使い分ける方式がある。

各社ごとに相違する点に特徴がある。

基本は停止信号（R現示という）の手前で列車を自動停止させることだ。

一般の道路信号と鉄道信号は異なっており、R現示には許容停止と絶対停止がある。

前者は閉そく信号機が現示する赤信号、後者は出発および場内信号機が現示する赤信号のことである。ATSには絶対停止機能があるものとないものがある。許容停止の場合は15キロ以下の速度で進入できるため赤信号といえども絶対停止とは異なる。これは閉そく信号機の故障を想定した措置だ。閉そく信号機が故障して赤信号を示していると思われるときには現場で1分間停車したのちに進入してよいことになっている。このために許容停止信号内方へ15キロ以下で列車を進入させることができるよう、ATSは設計されている。

ただし、これだと絶対停止信号の内方へも進入できてしまうことになる。それを防止するものが絶対停止機能だ。その赤信号が許容停止なのか絶対停止なのか、それをATSが判断する。連結する場合は場内信号機（絶対信号機）の停止現示（赤信号）を突破できないと連結ができない。この場合には入れ換え信号機の進入現示を確認して手動操作により絶対停止機能を許容停止へ変換させることで進入することができるようにＡＴＳは設計してある。

鉄道信号の現示は次のものがある。

a．高速進行現示（緑２灯）……北越急行のみ
b．進行現示（緑１灯）
c．抑速進行現示（緑１灯と黄１灯の点滅）……京浜急行のみ
d．減速現示（緑１灯と黄１灯）

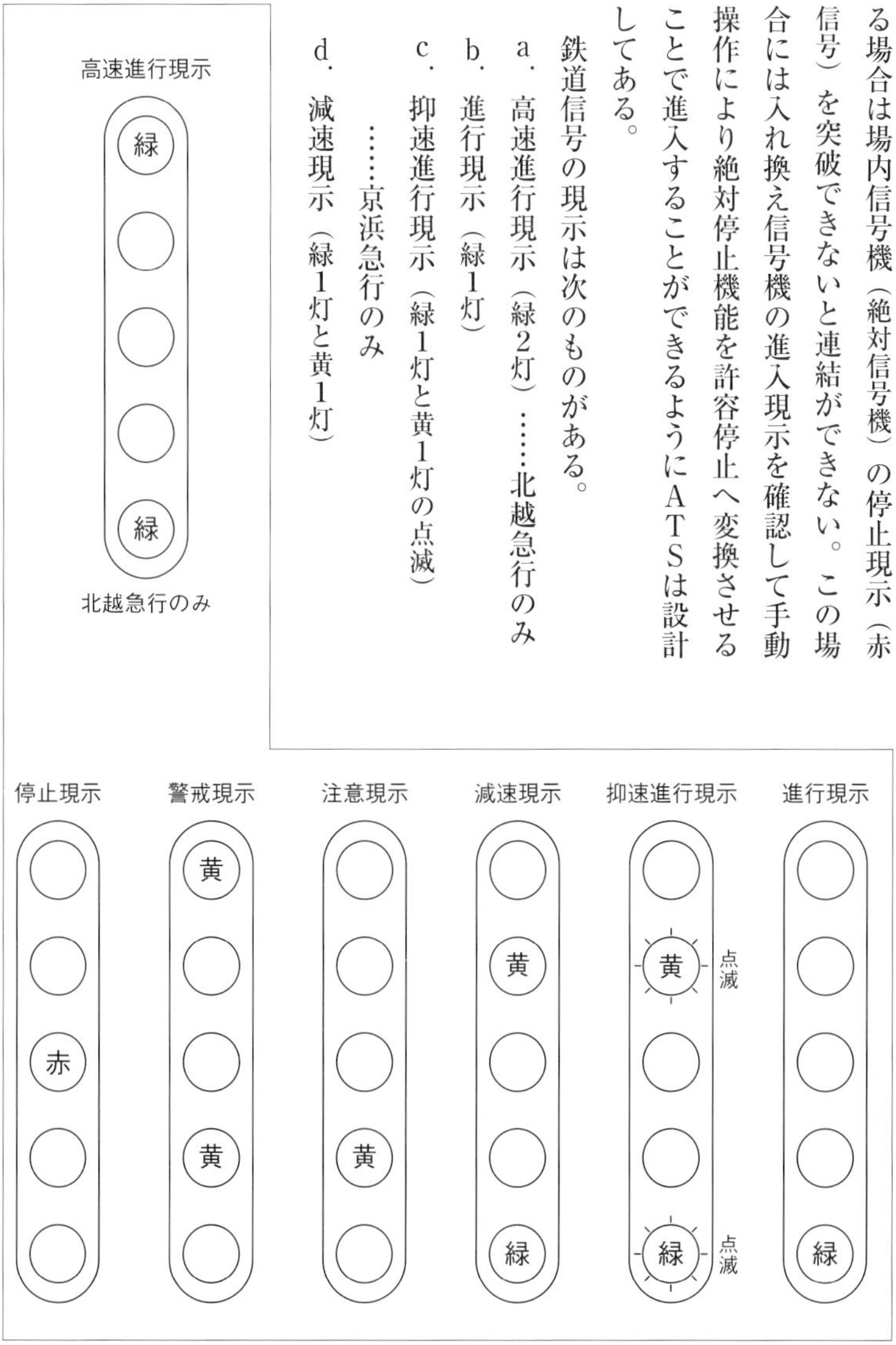

図27　鉄道信号の現示の例（注：すべての鉄道会社の５灯式がこのような色の配置になっているわけではない）。

e．注意現示（黄1灯）

f．警戒現示（黄2灯）

g．停止現示（赤1灯）

ATSはすべての現示に対応できるものと、注意、停止のみにしか対応しないものがある。また進行現示（緑信号）では全く速度制限を受けないものと、営業認可速度以下に制限するものがある。これにも営業認可速度を超えると自動的にブレーキを作動させるものと、加速をできなくするものとがある。

ひとくちにATSといってもさまざまなパターンがあり各社バラバラだ。

一度ATSが作動すると、列車を停止させてしまうものもあれば、制限速度以下まで減速するとブレーキを解除するものもある。

次に点制御と連続制御の違いについて記す。点制御とは信号機に対応する地上子を列車が通過したときだけ情報伝達をするものをいう。したがって、前方の信号現示が変化しても、その地上子を列車が通過するまで前に受けた情報がそのまま生きることになる。黄→緑に変化したからといってただちに加速できない。

連続制御方式ではレールにATS電流を流す。これを列車に搭載するATS車上子で受信している。前方の信号現示の変化をリアルタイムで受信することができる。

また、パターン制御といって、車上ATS装置で各信号現示ごとの減速曲線を電気的に発生させ、この減速曲線を越えるとブレーキを作動させるものがある。このパターン制御は点制御、連続制御を問わず設けることができる。高機能形ATSはATC（列車自動制御装置）と同等のレベルにある。その違いを示すにはATSは建植《けんしょく》信号機、ATCは車内信号といっても過言ではない。

建植信号機というのはレールサイドに立っている一般的な信号機のことである。

第3章

私鉄とＪＲの違い

謎028 車両に対する考え方

新技術の採用は、私鉄のほうが早い！

これをひとくちで表すと、一度に大量発注をして車両をつくれるか否かである。

ＪＲは分割されたとはいえ規模が私鉄より大きく、必要になる車両も多い。

国鉄時代からのことだが、車両発注に際して、その細部に至る部品まで発注者側が決めている。私鉄の多くは基本的な仕様を決めて、細部はメーカにまかせる例が多い。

これは国鉄（ＪＲ）が総合研究所を持ち、各分野ごとの研究者がいる点も大きいが、もっといえば国鉄設計局が上位者で、車両メーカに自分たちが計画した設計どおりに車両をつくらせるといったプライドの高さがある。

言葉はよくないが、車両メーカを自分たちの下請けと見てきた国鉄イズムともいえる。

私鉄は国鉄（ＪＲ）と異なり、車両設計担当にそれほど多くの人がいるわけでもなく、基礎研究に没頭するほどの余裕もない。

電機メーカとタイアップする形で研究に協力したり、アドバイスを受けつつ、メーカとユーザがともに手を取り合っている。つまり水平関係といえなくもない。

実は、こうした違いから国鉄（ＪＲ）よりも私鉄での新技術採用が早く、例えば高性能カルダン駆動車、サイリスタチョッパ制御、ＶＶＶＦインバータ制御などなどあげたらキリがない。

言葉を替えると、私鉄の機動力の高さといえよう。さらに大世帯の国鉄（ＪＲ）と異なり私鉄の車両は小まめな設計変更を行いやすい。いつも最新技術は私鉄から実用化しているのも、そうした理由がある。

小品種大量発注の国鉄（ＪＲ）ＶＳ多品種小量発注の私鉄という構図が長年にわたり続いてきた。

このことは両者にとって良い面も悪い面もある。ＪＲ化以降、年を追うごとに国鉄臭が払拭され、ＪＲも柔軟な発想をするようになった。一方の私鉄でも車両製作コストの低減に本腰を入れるようになった。私鉄同士で車両の標準設計を行う動きがある。一部の私鉄ではＪＲ東日本のＥ２３１系やＥ２３３系を自社で使用する例もある。この流れがどこまで定着するのか否かは、現時点ではなんともいえない。それは各社ごとの使用条件の違いが思った以上に大きいこともひとつの要因であるからだ。

大枠としての標準化は可能な面だが、細部での標準化はむずかしい。細部といってもこの場合のそれは、主要諸元に関することであり、決して軽微なものではない。

私鉄とＪＲの違い以上に実は各私鉄ごとの違いが大きいのである。

同じ私鉄とひとくちに言っても、当然各社ごとに事情が異なっている。

運行面だけとは限らない。各社で財政事情も異なり車両償却費負担に余裕のあるところと、そうでないところもある。

イニシャルコストを重要視する私鉄もあれば、逆にランニングコストを優先するケースなどさまざまだ。これをひとくくりにした考え方は通用しない。

各社のおかれている経営環境の違いは意外に大きい。全社が両手を上げて導入できる車両などはじめからないのである。

謎029 車両の運用に関する考え方

JRは1路線1形式、私鉄はバラバラ。

私鉄では1路線1形式で運行する例は少なく、例えば東京メトロの銀座線、丸ノ内線などがあるが、原則としては1路線多形式となるのが普通である。いわゆる盲腸線ともよばれる小支線、東武鉄道亀戸線、大師線など基本的に本線との直通運行がない線区で1形式を用いる程度だ。また京王井の頭線が1000系に統一されると、この例に当てはまる。

JRでは反対に1線区1形式に統一する例が少なくない。現在でいえばE231系、E233系であるが、これは103系、201系、205系などを主力車とした時代にもいえることである。

1形式大量増備主義からくる現象であり、そこが私鉄との相違点となる。理由としてはJRの路線長からきている。

1形式大量増備によるスケールメリットを生かしやすいからだ。

国鉄時代からのやり方として、新車を一気に都市路線に投入し、在来車両を玉突き的に地方路線へ放出する手法である。

この手法はJR化以降も、以前ほどではないが行われている。ただ、分割化されたため、タライまわしできるエリアが狭くなった。

私鉄の場合も1形式大量増備した例、例えば東武8000系などがあるが、それでも1000両には至っていない。最大時で712両であった。

私鉄における車両増備は、その年次ごとに相違するが年間で１００両を超す増備は少なく、20～30両という場合もある。

車両技術の進歩を考慮すると、どうしても多形式化することになる。ＪＲほど一度決めた設計を踏襲することにはこだわらない。その時々の最新技術を、こまめに新車に反映させている。このためもあって多形式化するわけだ。また、線区を限定して車両を充当する例は少ない。ホーム有効長からくる編成両数の制約はあるが、基本的には通勤形車両は各停から特急までオールマイティにこなす。

私鉄でも運用ごとに使用する車両を限定する例はあるが、この例はあまり多いとはいえず共通運用が基本である。だから特急運用にクロスシート車、ロングシート車が混在する。

よくいえばＪＲより私鉄のほうが車両運用が柔軟だ。ＪＲ横須賀線はＥ２１７系（湘南新宿ラインＥ２３１系も逗子まで入るが）で統一された運用を行っているが、京浜急行は快特といえども２１００形、１０００Ｎ形、６００形……さて何が来るのかはわからない。

図29　東武鉄道で最大の両数がつくられた8000系。（曳舟駅、2010年４月22日著者撮影）

謎030 ダイヤの組み方

なぜ私鉄には列車種別が多いのか？

都市部とローカルとでは、ダイヤ構成は当然異なることは、私鉄もJRも同じである。

複線区間における1時間あたりの列車本線は上下線それぞれ最大で30本がほぼ限界値であり、単純計算すると2分に1本となる。

すべての列車を各停にした平行ダイヤでは1分30秒に1本も可能だが、これだと列車間隔がつまるので、かなりきつい。列車の走行性能、信号保安システムなど諸条件により異なるが、私鉄、JRともに運行本数に差位はほとんどない。

では何が違うのか。

それが列車種別のバラエティである。JRにおける列車種別では急行、特急を名乗る列車には特別料金が必要（急行料金、特急料金）になるので、通勤電車では快速と普通しか使用できなくなる。これがネックとなり○△快速なる種別が登場するわけだ。特別快速などの例がこれに当たる。

一方の私鉄はというと、有料特急（ロマンスカーなど）を運行している私鉄では特急以外の種別を通勤電車に使用することができ、また有料特急を運行しない私鉄ではすべての種別を通勤電車に使用できる。このためバラエティをつくりやすい。

快速特急、特急、準特急、通勤特急、快速急行、通勤急行、区間急行、急行、快速、区間快速、通勤快速、準急、通勤準急、区間準急、各停など多数の種別がある。

つまり停車する駅と通過する駅の振り分けに自由度が増すことになる。

ＪＲの路線は東京の山手線や大阪の環状線、そして、その昔に地方の私鉄を国有化した路線（南武線など）を除くと、平均駅間距離が私鉄にくらべて長い。2キロメートルを超す例はたくさんあるが、私鉄にはそうしたものは、きわめて少ない。逆に1キロメートル以下の駅間距離が私鉄には多いのである。こうした違いもあり駅数が多くなる。そこで停車駅の選択肢が必然的に増えることになり、それに対応した列車種別を設定するためさまざまな種別が登場するわけだ。

私鉄の路線は駅の配置が細かいため、その地域に居住する人々には便利で利用しやすい反面、ラッシュ時などはとくに各停がジャマして急行が速く走れなくなってしまう。各停の表定速度の低さが優等列車の速度低下をまねく。ＪＲでは、そもそも列車種別が少ないうえに駅間距離も長いため、私鉄ほどの速度低下は見られない。横浜－品川間で比較するとＪＲ京浜東北線の列車と京浜急行の特急がほぼ互角であり、このことから見ても私鉄の優等種別（特急、急行など）は、少々誇張ぎみな点も否めない。ＪＲは国鉄の遺産相続をしているため、その線形もめぐまれたものが多く有利だ。こうした違いがダイヤ構成に表れている。

表30　大手私鉄における「○△急行」などの例。（2010年4月現在）

東武鉄道	区間快速	快速急行	通勤急行
	区間急行	区間準急	
西武鉄道	快速急行	通勤急行	通勤準急
	拝島快速		
京成電鉄	快特	通勤特急	ｴｱﾎﾟｰﾄ快速
京王電鉄	準特急	通勤快速	
小田急電鉄	快速急行	多摩急行	区間準急
東京急行電鉄	通勤特急		
京浜急行電鉄	快特		
東京メトロ	通勤急行		
相模鉄道	―――――		
名古屋鉄道	快速特急	快速急行	
近畿日本鉄道	快速急行	区間快速	区間急行
	区間準急		
南海電気鉄道	空港急行	快急	区急
京阪電気鉄道	快速特急	快速急行	通勤快急
	深夜急行	通勤準急	区間急行
阪急電鉄	日生エクスプレス	通勤特急	快速急行
	通勤急行	通勤準急	
阪神電気鉄道	直通特急	区間特急	快速急行
	区間急行	区間準急	
西日本鉄道	快速急行		

謎031 踏切遮断時間の謎

ＪＲは長く、私鉄は短い!?

ＪＲにおける踏切遮断時間が私鉄のそれと比較して長いのでは、こうした声を耳にすることがある。考えられる原因として列車種別選別装置があるが、これは列車種別ごとに踏切遮断時間を適正に保つために設けた保安装置のことで、その制御のしかたからくる違いではないだろうか。

列車が踏切の何メートル手前に接近したら踏切を遮断すればよいか、これについてはその線路を走行する列車速度から算出される。それが一定つまり各停のみであれば踏切遮断開始時間も一定でよい。しかしさまざまな速度で走行する列車が混在するとそうはいかなくなる。もし一定に保つと、各停も急行もその踏切通過に対して、例えばＸメートル手前に列車が接近すると踏切遮断が開始されるので速度が低い各停の場合だと踏切遮断時間が過剰に長くなり、速度が速い急行の場合だと逆のことが起きてしまう。だから踏切遮断時間を各停、急行それぞれの列車に対して適正化しなくてはならない。そのためにはＸメートル長を変えればよいことになる。

各停列車はＸ２、急行列車はＸ１の地点を列車が通過した際に踏切遮断を開始させる。踏切までの距離をＸ２＜Ｘ１と設定すればよいわけだ。列車に搭載した車上発信器の周波数を種別ごとに設定することで地上装置が反応して列車種別を判定する。これが列車種別選別装置である。

この装置の設定値数が多いほど踏切遮断時間をキメ細かく制御できる。

私鉄（大手）はすべての車両と踏切にこの装置があるのでＪＲにくらべて踏切遮断時間の適正化がはかられている。

ＪＲの場合、その路線によっては電車だけではなく電機けん引の客車列車、貨物列車が混走するために私鉄のようにはいかない。それで踏切遮断を早めに開始する線区があるのではないか。電車しか走行しない線区では私鉄と踏切遮断時間に大差はないはずである。

電機けん引列車はブレーキ性能上、電車よりブレーキ距離が長くなる。これを減速度というが、電車の非常ブレーキ減速度はおおむね4～5キロメートル毎秒である。

なお踏切がある線区を走行する電車は最高速度から非常ブレーキを作動して600メートル以内に停止するよう設計されている。

一般に踏切というが正確には踏切道という。その踏切道が遮断されると踏切道遮断動作灯が点灯して接近列車に対し、踏切道が遮断されていることを表示する。これも私鉄線の特徴である。

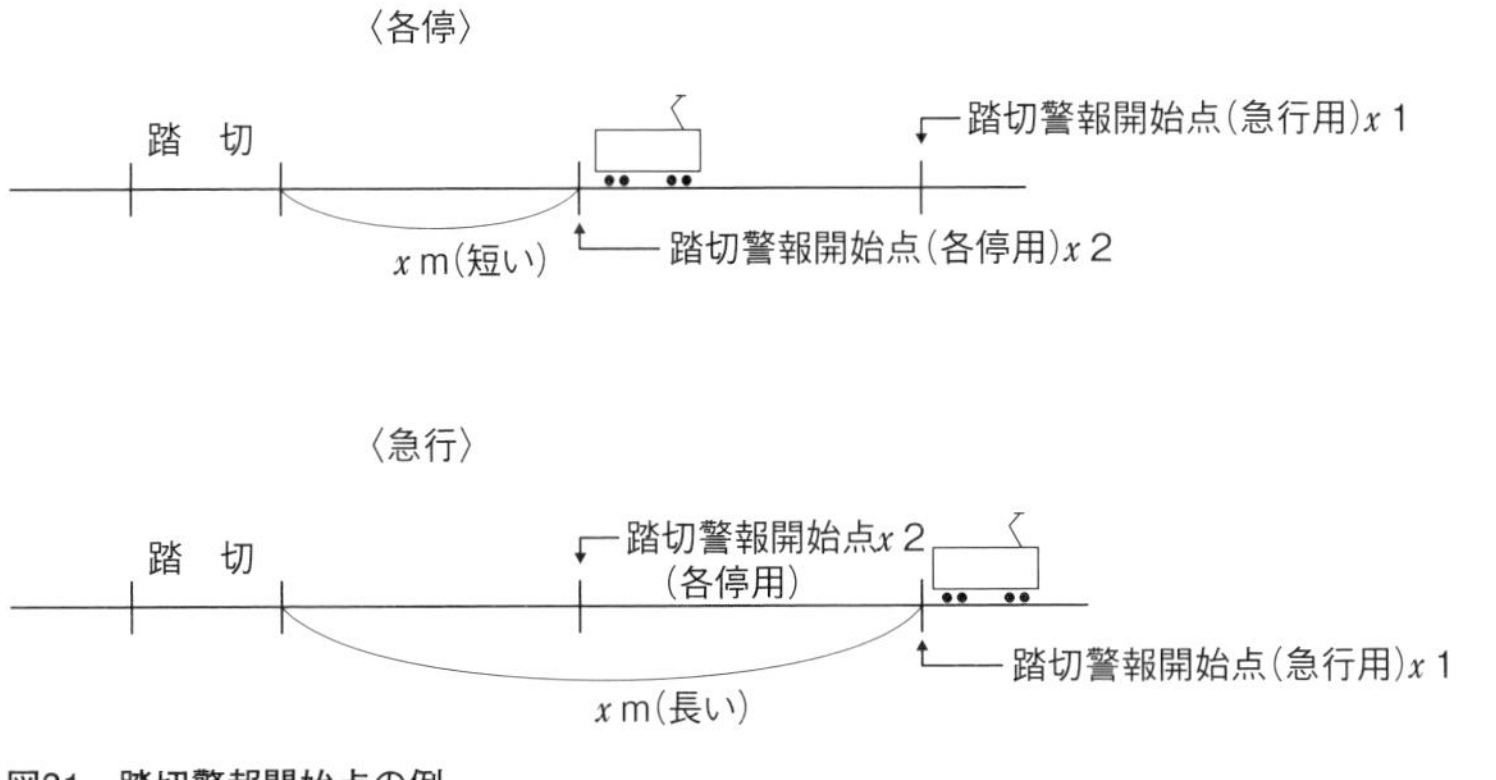

図31　踏切警報開始点の例。

謎032 事故から復旧するまでの時間

ダイヤ全体の回復のためには犠牲になる列車もある。

これも一般に私鉄よりもJRのほうが時間がかかるといわれていることのひとつだ。ここでいう事故とは脱線や衝突のことではなく、列車や信号故障のことである。

JRは私鉄とくらべて、その路線が複数線区と絡む場合が多い。換言すると自社内他線区との相互乗り入れである。無論のこと、私鉄にもこの例は多くある。だが私鉄の大半は本線と支線との直通であり、これに対してJRの場合では幹線同士の直通が多い。

例を示すと横須賀線と総武線、中央線と総武線、湘南新宿ラインなどである。

何かのトラブルが発生した場合、列車の運転整理が複雑になってしまう。高密度運行区間同士で調整しなくてはならない。このため復旧時間を要するのである。

そのためもあって私鉄ほどスピーディーに復旧できない面がある。

私鉄では他社線（地下鉄）との相互乗り入れを打ち切るなど、思い切った措置で自社線内ダイヤの回復を急ぐ。JRもこの点は同じだが、自社線内他線区との調整が私鉄よりむずかしい。路線規模からくる相違ともいえる。

私鉄、JRともに後続列車が何らかのトラブルでおくれた場合に先行列車を駅で長く停める運転抑止を行うことがある。

なぜ後続列車のおくれに付き合わされるのかと乗客はイラ立つが、これがダイヤ上の時隔《じかく》調整というもので、ダイヤ全体の早期復旧に必要なことである。乗客としたら確かに割り切れない思いであろうが仕方がない。個別列車を犠牲にしてでもダイヤ全体の回復を優先した対策だからである。

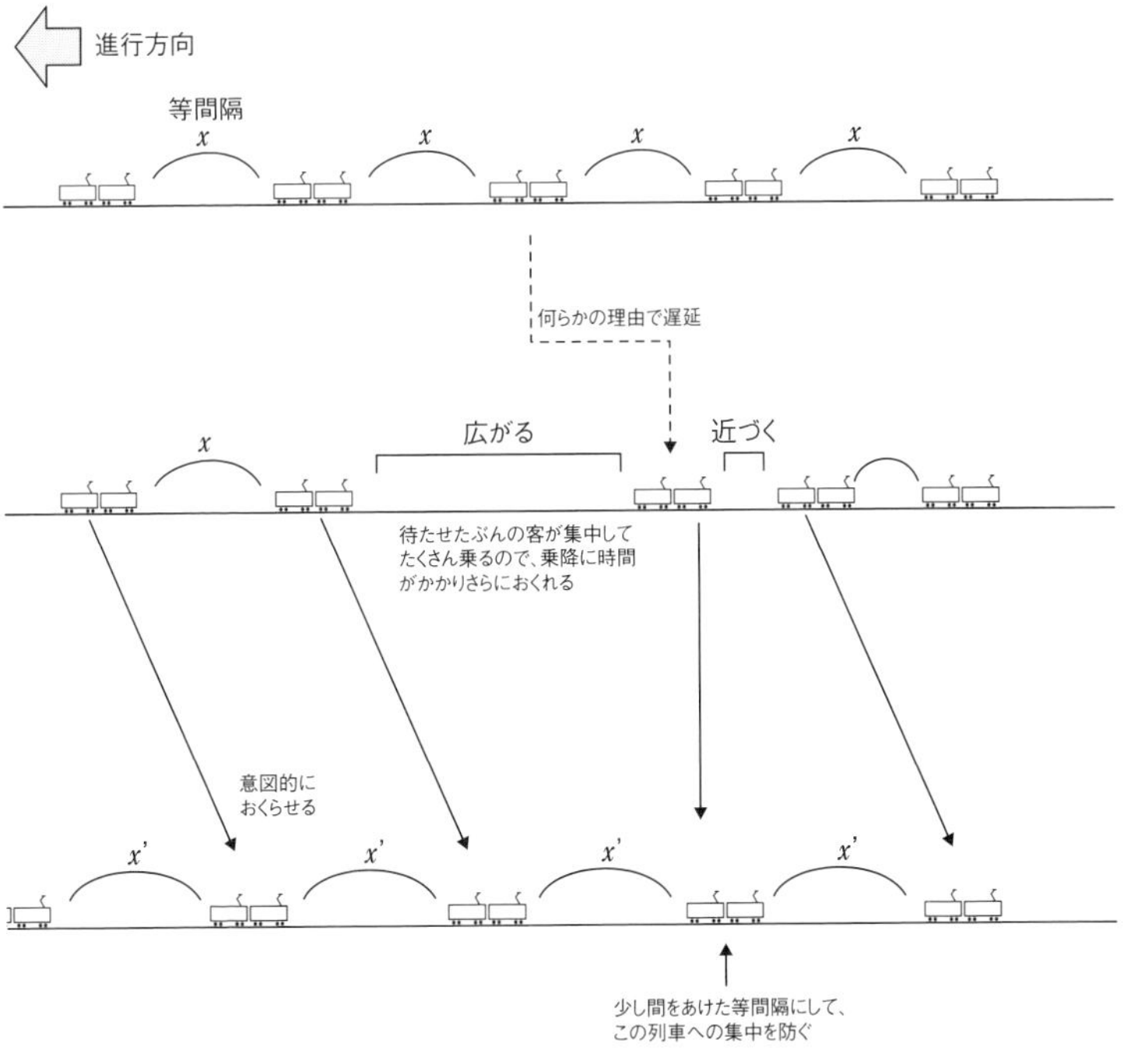
進行方向
等間隔
何らかの理由で遅延
広がる
近づく
待たせたぶんの客が集中して
たくさん乗るので、乗降に時間
がかかりさらにおくれる
意図的に
おくらせる
少し間をあけた等間隔にして、
この列車への集中を防ぐ

図32　遅延が生じた場合、先行列車を抑止して、路線のダイヤ全体の回復をはかる。

謎033 組織・制度

人事に対する考え方は大きく違う。

私鉄とJRとの間で組織についての大きな違いとよべるほどのものはない。

むしろ各事業者間での違いのほうが目立つ。とはいっても現業部門でのことではなく、企業組織についてである。

ホールディングカンパニーのもとに事業会社を配する阪急、相鉄、西武がこの例だ。

だが、私鉄、JRともにホールディングカンパニーという形をとっているところはまだ多くない。社内で事業部制度があるのか否か、そうした違いである。

現業部門に限定して見ると、私鉄とJRでは違いがある。それは乗務員への登用制度だ。

私鉄では駅務経験を経て車掌→運転士となるが、JRでは国鉄の慣習にならえば駅務、車掌といった旅客係系と、検車、運転士といった技術系とに分かれる。

私鉄にくらべてJRは、より専門色が強い。これはすなわち組織の規模が相違するためであろう。

また特に私鉄では現業部門から本社部門へ、さらに関連会社への配置転換、出向も多い。列車の乗務員だった人が関連会社のスーパーマーケットへ行く場合などがある。

また現業出身者が役員登用されて社長になる例は私鉄にはあるが、JRでは聞かない。

公務員同様にキャリア組とノンキャリア組があ

るためだと思える。改善されつつあるがやはり官僚的風土が残っている。

私鉄の中にも、これに近い会社はある。

関連会社の社長が電鉄本体の役員ポストを持ち、実際の鉄道担当役員は全役員中に1～2名といった例も少なくない。常務クラスがもっとも現場に精通している会社が私鉄としていちばん多い。社長は全くの外様といったケースもある。よく、ライン重役というが、これは○△担当の平役員のことだ。運輸計画本部長や車両本部長などの本部長職がだいたいこれである。

私の知人の中にも鉄道担当常務から関連会社である百貨店の社長になったケースがある。このように私鉄における人事はかなり流動的である。

一生を電鉄本体で送る人は逆に少ない。これがほとんどの私鉄での人事である。

技術畑で私鉄へ入社した人が関連会社である航空会社の社長を務めたりと、バラエティに富んでいる。

その点では私鉄にくらべてJRのほうが鉄道専業色が濃く、私鉄ほどその裾野は広くない。これが人事面にも表れている。

つまり企業組織は似ているが、その運用が私鉄とJRで相違しているといえよう。

その違いのほうが組織体そのものよりも大きい相違点である。

第4章

相互直通運転の不思議

謎034 相互直通運転史 ――黎明期――

不利な条件を改善して集客力を高める。

この章では、都市鉄道と地下鉄との間で行われている相互直通運転について記す。相互直通運転は他にも地上線同士で行われているが、それは除外して考える。例えば東武特急スペーシア、小田急特急あさぎり号などもJRとの間で相互直通運転があるが、これらは運転本数などから見ても少なく、いわゆる相互直通運転と一般にいわれているものとは趣を異にしたものだ。

都市鉄道と地下鉄間で実施している相互直通運転は、その運転本数も多い。

これが初めて実施されたのは1960年の京成電鉄と東京都交通局の相互直通運転である。都交地下鉄1号線（現在の浅草線）と京成とが押上《おしあげ》駅を境にして相互直通を実施した。

翌年には東武鉄道と帝都高速度交通営団が相互直通運転を始めた。北千住駅を境にして東武伊勢崎線と営団地下鉄（現在の東京メトロ）日比谷線が相互直通運転を行っている。

京成電鉄のターミナルである押上駅、東武鉄道のターミナルである浅草駅、ともにその立地上の不利がある。山手線に接していないハンディは大きい。京成はもうひとつのターミナルとして京成上野駅を持っているが、途中駅の青砥《あおと》で押上線を分岐した本線（通称上野線）が大きく迂回するため京成上野やその手前の日暮里までの所要時間がかかることから都心へのルートとしては押上線の

図34－1　京成電鉄押上駅は、開業時は地上にあったが、現在は地下にあり、都交浅草線が乗り入れている。2003年には東京メトロ半蔵門線が押上駅まで開業した。（2010年４月22日著者撮影）

図34－2　東武鉄道浅草駅は、隅田川のすぐ近くに位置する。駅ビルには百貨店の「松屋」が入っている。（2010年４月25日著者撮影）

図34−3　阪急京都線は大阪市交堺筋線と相互直通を行っている。そのため地下鉄の車両が地上で見ることができるようになった。(阪急電鉄上新庄駅、2009年１月10日谷川一巳氏撮影)

図34−4　2008年に開業した京阪電気鉄道中之島線の中之島駅。ホームの一部を切り欠いて３番線をつくり、多数の電車の運行をさばいている。(2008年12月19日谷川一巳氏撮影)

ほうがショートカットしている。だがターミナルである押上駅は、在京私鉄ターミナルの中でもっとも不便な場所に立地しており、他線との接続がなくターミナルとしての構成要件を欠いていた。

この押上駅と隅田川をはさんで東武の浅草駅がある。ここもまたターミナルとしては不便な場所であり、地下鉄銀座線と結節しているとはいえ都心部から大きく東側にずれている。

地下鉄との相互直通運転を早い時期に始めた東武と京成には、このような共通した弱点がある。この両者が地下鉄への相互乗り入れを早くから行った理由がここにあり、決して偶然ではない。

早い話が不便な場所にターミナルを持つことへの起死回生策として地下鉄との相互直通運転を始めたのである。これにより東武、京成の沿線から都心中心街まで乗り換えなしで行けるようになった。なお京成は、この乗り入れに際して自社の軌間を１３７２ミリゲージから１４３５ミリゲージへと改軌している。そこまでの改良をしても都心直結を実現する必要にせまられていたのである。

こうした自社ターミナルの立地上の不利を改善するために実施した地下鉄との相互直通運転は大阪にも見られる。

新京阪鉄道として開業し後に阪急京都線になった路線であるが、当初のターミナルとして位置した天神橋筋六丁目（天六）がこの例で、ここも大阪市交地下鉄堺筋線と相互直通運転を始めた。ただ大阪の特徴として各社のターミナルが好立地であることから東京に比較して相互直通運転は少ない。それが近年になり、その動きが活発になってきた。近鉄と阪神の例、京阪の中之島延伸である。だが、その形態は東京のそれとは異なっている。地下鉄との相互直通という以上に私鉄同士の直通化であり実質的な自社線延伸である。

これは東京と大阪における都市としての大きさの違いもあろう。

謎035 相互直通運転史 ——発展段階——

2者間の直通から3者間の直通へ。

東武、京成により始められた地下鉄との相互直通運転は拡大していく。

まず東武と相互直通化した地下鉄日比谷線が1964年に中目黒まで全通したことで東急東横線につながった。東急－営団－東武が1本の線になったことで3者による相互直通運転が開始された。ただし東急車は北千住まで、東武車は中目黒までの運行である。営団車のみが双方の路線に入るが運行系統は3者をまたがない。

営業列車は2者間のみの直通である。東急東横線日吉↕北千住、東武伊勢崎線北越谷↕中目黒といった具合で運行された。

この形態は現在まで続いている。東武側が東武動物公園まで、東急側が菊名まで直通区間を延長したに過ぎない。

直通列車はすべて各駅停車である。この形態を後に「日比谷線方式」と表すことになった。この「日比谷線方式」に対して「1号線方式」とよばれるものがある。それが京成と東京都交の相互直通だが、これは1968年に京浜急行が直通に加わったことで、その運行形態が変化をみせることになる。つまり3者間を直通する運行が始まったからだ。

当初は都交車のみが3者をまたいで走ったが、のちに京急車が京成線へ、京成車が京急線へ日常的に顔を出すようになり、完全な3者相互運転が実施されることになった。

　また直通車を特急、急行で運行することを基本とするなど「日比谷線方式」と異なっている。この「1号線方式」がその後各線で実施される相互直通運転の基本になっていく。

　小田急と地下鉄千代田線と国鉄（現在のＪＲ）常磐線、京王と都営地下鉄新宿線、西武（池袋線）および東武（東上線）と地下鉄有楽町線、東急（田園都市線）と東武（伊勢崎線・日光線）と地下鉄半蔵門線、東急（目黒線）と地下鉄南北線および都営地下鉄三田線、そして西武（池袋線）および東武（東上線）と地下鉄副都心線と拡大していくのである。

　また国鉄は中央・総武緩行線のバイパスルートとして地下鉄東西線との相互直通運転を始めていた。

　この相互直通運転に大手私鉄以外で参加しているのが、地下鉄南北線経由で東急目黒線に顔を出す埼玉高速鉄道、京成と都営地下鉄浅草線経由で京急に顔を出す北総鉄道、地下鉄東西線直通の東葉高速、などである。

　相互直通運転を行っていない線のほうが今では少ない。京王井の頭線、東急多摩川線、池上線、西武新宿線などである。

　また地下鉄で相互直通運転がないのが銀座線、丸ノ内線、大江戸線だが、これら3線はその構造上から相互直通可能な相手がない。第3軌条集電やリニアモータでは当然のことだ。

謎036 相互直通運転史 ―現状―

地下鉄線内での急行設定があまりに少ない。

現在、相互直通運転を行っている路線を4章035で記したが、そのネットワークはますます充実してきた。また初の試みとして小田急ロマンスカーの地下鉄乗り入れがある。本数こそ少ないが、こうした動きが拡大すると便利だ。

地下鉄線内を各駅停車で運行する列車が大半なため、せっかく地上線を急行運行したのに列車のスピードが大幅に低下してしまう。これが問題である。都心部通過に時間をとられてしまうからだ。もっとも、都心部を貫通乗車する客はそう多くはないので仕方ない面も確かにあるのだが……。例えば東急田園都市線から東武伊勢崎・日光線へ直通する客もいるわけで、この場合など渋谷－押上間がネックに感じるだろう。

都交新宿線は急行運行があるので、そこが魅力である。

東京メトロでは副都心線で初めて急行を設定したが、この流れが広がることを期待したい。千代田、半蔵門の各線などは急行が必要である。相互直通相手の路線の奥が深いだけに速達性を確保するべきだ。

待避設備がない線での急行設定はむずかしいが、デイタイムは運転間隔が長いのでひと工夫して実現してほしいところである。

かつては地下鉄乗り入れ列車を補完列車として考えていたようだが、現在ではそれが主力列車になりつつある。このパラダイムを受けて改善する必要があろう。

　東京の地下鉄新線建設は副都心線を最終路線に終わるのだから、今後は既存路線のリニューアルに力を注いでほしい。

　ネットワークは完成したが、サービス改善は道半ばといった現状である。

　それが「今の」地下鉄であり相互直通運転に残された課題に思える。

　混雑緩和対策もほぼ一巡した今、輸送のクオリティに目が向けられている。遠方からやってきた乗り入れ列車を地下鉄線内でいかに速く快適に走行させるか、それが大切である。都心部を抜けるのに40～50分もかかってよいはずがない。距離にすると20キロメートル前後にしか過ぎないのである。

　地下鉄は都心部内の輸送を担っている鉄道だが、相互直通運転が増え、今では相直列車がその主力になっている。

　こうした状況の変化に対して柔軟な運行でのぞむ必要があるのではないだろうか。

　そこに今後の期待が寄せられていることは確かである。

謎037 相互直通運転史 ――今後――

私鉄間の特急網の充実を!

成熟期を迎えたといってもよい相互直通運転であるが、これからを考えてみたい。

先に記したように小田急特急ロマンスカーの地下鉄乗り入れで新たな可能性が見えてきた。今までの「地下鉄との相互直通運転は通勤通学輸送」という固定観念を打破して、例えば空港間連絡特急に活用できないだろうか。羽田空港と成田空港を直結する空港連絡座席指定特急が考えられる。京急－都交浅草線－京成を結ぶエアポート特急である。

京成では新ルートでの空港特急をデビューさせるが、そのターミナルを相変わらず京成上野としている。上野や日暮里がターミナルではチョットト不便だ。これではいくら三十数分で成田空港まで走っても、トータルな所要時間を考えるとＮＥＸに勝ち目がない。

せっかく羽田空港へ線路がつながっているのだから羽田空港↕品川（新幹線と連絡できる）↕日本橋↕押上↕青砥（上野方面と連絡）↕成田空港という列車があるとよい。一般車ではなく専用の特急車を用いる。これを京急、京成それぞれの編成をもって都交浅草線経由で走らせる。この浅草線を都交空港線に改称してはどうだろうか。

こうした形での地下鉄相互直通運転は充分に考えられることだ。

このケースは小田急でのそれより需要が見込め

そうに思う。

空港利用者は荷物が多く、乗り換えをきらう傾向が強いからだ。車両は都交浅草線内を走行できるよう設計すれば問題ない。多少一般列車を間引いても考えてよいことだ。

また、東武特急の半蔵門線、東急田園都市線への直通も考えられる。次世代特急で実現できないものか。

ＪＲ新宿へ乗り入れているが、それのバージョンアップである。デイタイムなら可能なはずだ。中央林間発南栗橋ゆき急行のスジを転用することで対応できる。

小田急ロマンスカーが地下鉄千代田線を抜けて北千住に現れたが、その「逆」バージョンとして東武ロマンスカーも半蔵門線を抜けて中央林間へ姿を現してほしいと思う。

技術的課題は少ない。ダイヤさえ確保できれば大丈夫だ。今の１００形スペーシアではできないが、次世代特急車に期待をかけたい。

分割併合可能な車両であれば、途中の栃木で日光・鬼怒川ゆきと東武宇都宮ゆき特急というのが可能になる。東急田園都市線内からダイレクトに日光・鬼怒川そして東武宇都宮へ行くことができる。途中、大手町を通るので、宇都宮へのビジネス客を取り込めるのではないか。

こうした使い方を地下鉄相互直通運転の発展形として考えてみてはどうだろう。実現可能性は高いはずである。

図37　東京メトロ千代田線乗り入れ用に新造された小田急電鉄60000系「ＭＳＥ」。青い色の車体が特徴である。（大手町駅、2010年４月22日著者撮影）

謎038

相互直通運転の協定事項

かつてほど厳格ではなくなったが……。

相互直通運転を実施するには、いくつかの決まりごとがある。それを車両面から記す。

まずは車体寸法がある。これは全長、全幅、全高といった車体の大きさを、乗り入れ協定で定めた範囲内の数値におさめなくてはならないということだ。車両限界の統一を求められるのである。

この数値を決めるのは、地下鉄事業者を中心にして行う場合がほとんどである。

寸法のほかにも、加速、減速性能、軸重といって1対の車輪にかかる重量なども重要な協定事項だ。また地下鉄線内で先行列車が故障して走行不能になった場合、後続列車が先行した故障車を1編成丸ごと推進できなくてはならない。それも30パーミル上でなどと厳しい条件下でだ。そのために地下鉄乗り入れ車両はハイパワーでなくてはならない。

こうして基本性能を取り決めている。

次に信号保安装置を統一する例が多いが、自社用、地下鉄用を二重装備したりする場合もある。

列車無線、これは各列車の乗務員と運行指令室との間で情報伝達に使用するものであるが、私鉄各社では空間波無線（SR無線）を使用していることに対して、地下鉄では誘導無線（IR無線）を使用しているので、これを装備する必要がある。

SR方式はいわゆるテレビ電波などと同じで空間波だが、トンネル内では使用がむずかしい。それでＩＲ方式を用いる。これはトンネルの側壁に送信アンテナを張り、列車側面に設けてある受信アンテナで受信するものである。連結部の側面に太い棒状のものがあり、それがＩＲアンテナである。

運転装備機器についてもとくに運転士が扱う操作機器を統一するが、これについては以前ほど統一することにこだわりが少なくなった。同一路線を走行する車両にワンハンドル車とツーハンドル車が混在する例も出てきた。

以前は操作スイッチの位置や、そのスイッチの色まで統一していた。メータの配列まで決めていたほどである。

電車はオーダーメイドでつくられるため私鉄各社それぞれに伝統があって、例えばスイッチ類なども、押してＯＮ、引いてＯＮと各社ごとに相違する。こうした点を乗り入れ各社間で統一しておく必要がある。

乗り入れ車両についてもっとも厳格なのが京浜急行である。京急線内を走行する絶対条件として先頭車両が電動車でなくてはならない。このため相互直通相手である京成電鉄の３６００形は京急線へ入れない（先頭車がクハのため）。

こうした例もあるが、今は以前にくらべて各社ごとの車両差が少なくなり、制御はＶＶＶＦインバータ、ブレーキは回生ブレーキに収斂《しゅうれん》しつつある。このためＡＴＳ、ＡＴＣ、列車無線などの保安装置の統一に重点がおかれている。

東急田園都市線、東京メトロ半蔵門線、東武伊勢崎および日光線における相互乗り入れなど、３者の車両が混然一体になって運用されているが、これなど車両の基本スペックをそろえた結果である。

しいて違いをあげると、東急と東京メトロの信号システムがＣＳ－ＡＴＣであることに対して東武がＡＴＳを用いていることだ。

謎039

相互直通運転での事故

修理の費用はどちらが負担するのか。

例えば東京メトロの車両が東武へ乗り入れ踏切で自動車と衝突したとする。この場合その車両の修理費用はどちらが負担するのか。

これも協定で決められていて、他社の車両でも自社線内では自社の車両と見なすことになっているので修理費用は東武が負担する。

ここで問題があるのは、では車両そのものに欠陥があって事故になった場合だ。

その昔、営団地下鉄日比谷線内を走行中に東武の車両が火災を起こして丸焼けになったことがあった。その原因が車両故障である。こうした例では原則論から除外される。

このようにさまざまなトラブルを想定して相互乗り入れ協定を定めなくてはならない。

中目黒で東武車に地下鉄車が接触したことがあるが、この例では地下鉄側が東武車の被害を補償することになる。

基本的に境界駅で乗務員交代をした時点でどちら側の車両かが決まることになっている。

おもしろい例として、終日にわたって相手側の線区しか走らない車両がある。これは走行距離を調整するためだ。乗り入れ各社の車両走行距離を等しくするために行われる措置である。このように相互直通運転には、いろいろと面倒なことも多い。

相互直通の歴史を振りかえると他社線内での事

故はいくつか発生している。踏切で立往生している観光バスと衝突したこともあれば、電車同士の衝突もあった。ともに地下鉄からの乗り入れ車である。当然、その修理は私鉄側で行うことになる。

実際に協定書を見るとチョットした本の厚さがありおどろいたことを覚えている。

京浜急行、東京都交、京成の相互乗り入れにおける、いわゆる「一号線協定」では当初、車両性能はもとより乗務員室の機機や各種スイッチ類の配列、さらにスイッチ類の色にいたるまでマンセル記号（色を表す統一記号として、このマンセル記号が用いられている）で定められていた。

そのわりには京成車のブレーキ弁（ブレーキハンドル）の位置が京浜急行や東京都交の車両にくらべると、その位置が高く、運転士はブレーキハンドルを逆手で引く感じに造られていたのが印象に残る。

謎040 運転交代時に行われること

申し送り事項はあるのか?

相互直通運転における乗務員交代は境界駅で行われる。このとき行うことはATSやATCそして列車無線の切り替えであるが、これらはマスコンキーを切り替えることで一括して実行されることが多い。また、このときに列車の加速力を切り替える場合もある。

地下鉄線内では高加速モードが使用される。ただしすべての路線で行うわけではなく、例として京王車が地下鉄新宿線へ入る場合、西武車が地下鉄有楽町および副都心線へ入る場合などである。地上区間では2・5〜2・8キロ毎秒の加速度を地下鉄線内では3・3〜3・5キロ毎秒程度へ変更している。

地下鉄乗務員のマスコンキーを入れると自動的に変化する。

こうした設定値変更はあるが、そのほかに特別なことはない。

以前のことだが、京成車が初めて京急線へ乗り入れたときには京成の運転士がそのまま運転して京急の運転士が同乗のうえ線路指導を行ったことがあるが、これは例外である。

交代は全く自社の乗務員同士のそれと変わりなく見える。

いくら車両性能をそろえたとはいえ、それぞれに車両のクセがあるので、それに慣れる必要がある。

京成車はフルノッチに入れても京急車のように加速がのびないと聞いたことがある。やはり他社の車両を扱う苦労はあるようだ。車掌は各社ドアの開閉速度が微妙に異なるので、そのクセをつかむ苦労があるという。

また同一形式車でも編成ごとに車両のクセがあるので、こうした点を申し送りすることもある。とくにブレーキ関係にこのクセが多い。エアーの抜けが早いとかおそいとか、この手の話がよく聞かれる。あとは電気ブレーキと空気ブレーキとの切り換わり時に発生しやすいショックなどだ（これをジャークという）。

設計数値上では同じになっていても実車を扱うとブレがあることが多い。

こうした点が顕著である場合等、交代時に伝達することはよくあることだ。

マニュアル上は交代時に伝達することをとくに定めていないのが普通である。

以前よく使われていたＨＳＣブレーキでは弁のすり合わせなど微調整箇所が多いので今のＨＲＤブレーキにくらべて各編成ごとのクセが生じやすかった。ＨＳＣとは空気指令式、ＨＲＤとは電気指令式の直通ブレーキのことである。

図40　東京メトロ有楽町線・副都心線小竹向原駅で、相互直通する列車の乗務員が交代している。（2010年４月27日著者撮影）

謎041 運転士の免許は各社で違うのか？

免許を有する運転士はどこの路線でも運転できるのか？

電車運転士は動力車操縦者免許を有する。これは1957年運輸省令で定めたもので、それ以前はとくに国家資格制度はなかった。ここが自動車とかなり相違した点である。

電車運転士養成は、各鉄道事業者に国土交通省から委託されている。約半年をかけて養成し、国家試験を受けるが、各社共通であり、会社ごとの違いはない。

しかし、これはあくまでも運転士養成についてであり、有資格者については各社で独自に定めた資格がある。

早い話が看板列車ともいうべき特急ロマンスカー担当乗務員などである。

小田急では50000系VSE車の乗務員は特別に選ばれたエリートだけを担当乗務員にしている。制服も一般乗務員とは異なる。

これは特別なケースだが、線区を限定して乗務させる例は多い。これはその乗務員の優劣ではなく、線区を決めて習熟させることを目的としたものだ。担当線区制度を採る私鉄は多くある。

どこの乗務所に所属するのかで担当線区が決まる。これは車両にもいえることで、車両所担当線区がある。車両は広範囲に走行することが多いが、乗務員は担当線区内を基本としている。したがって、長距離区間を走る特急ロマンスカーには、各線区での運転経験があるベテラン乗務員が担当することになる。

つまり基本となる免許はひとつでも（甲種＝鉄道、乙種＝軌道はあるが）、社内での資格はいろいろと分かれているケースが多い。

ちなみにディーゼルカーにはディーゼルカー用の資格が別にある。電車とは別だ。

小田急の国鉄（現在のＪＲ東海）御殿場線御殿場への乗り入れは、同線が非電化だったので、小田急ではディーゼルカーを新造した。

ところが小田急にはディーゼルカーがそれまでなかったことから、担当乗務員（運転士）の教育ができない。

そこで当時の国鉄千葉機関区へ研修のため出向させた。

この乗り入れは小田急の乗務員が御殿場まで担当するため、国鉄線内を走行する資格を取得する必要があった。いかにも当時の国鉄らしい高姿勢に思えてならない。

図41　流線型が美しい小田急電鉄50000系「ＶＳＥ」。車内は木目調になっており、落ち着いた雰囲気を演出している。（新宿駅、2010年４月25日著者撮影）

謎042 ダイヤ乱れなどの緊急時対応

PASMOやSuicaでは振替輸送は受けられない。

相互直通運転を行っている路線でのダイヤ混乱時では、まず相互直通列車の運行を停止して自社線内のダイヤ修復を行うことを優先させる。列車は境界駅で折り返すことを原則としているが、これを単純に実施した場合、今度は乗り入れ側（地下鉄）の運行本数を乱してしまう。運転時隔が不規則になるからだ。

そこで全体の流れを見つつ、余剰列車を回送扱いでいったん入庫させることになる。

以上は地上の私鉄側でダイヤ乱れが発生した場合の対策である。入庫車はいったん、地下鉄側の車両所や電車留置線（電留線という）へ入れることになる。

しかし中には地下鉄側の車両所を私鉄線内に設ける例があり、例えば半蔵門線の車両所は東急田園都市線内の鷺沼《さぎぬま》にある。

もしも東急側が不通になると鷺沼への回送ができなくなってしまう。

この場合は、もう一方の乗り入れ相手である東武の車両所へ回送し、そこへ列車を収容すればよい。このように、いったんダイヤが混乱すると、車両のやりくりに苦労することになってしまう。

一方、地下鉄内でダイヤが混乱した場合は乗り入れ相手である双方の私鉄の車両所へ車両を留置する。ダイヤの回復を待って所有者へ車両をもどすことで対応している。

車両の動き方は前記のとおりであるが、乗客は他線へ振替輸送することで対処している。私鉄、ＪＲともに振替輸送協定を結んでいるので、それを活用するわけだ。

そうではあるのだが特に東京圏鉄道路線は大阪圏とは異なり並行路線がほとんどないため真の代替輸送はできず、かなりな迂回ルートになってしまうのが現実である。

振替乗車券については、その対象が定期乗車券所有者やすでに当該区間の乗車券を購入した乗客へ実施される措置であり、ＰＡＳＭＯやＳｕｉｃａは除外されている（ＰＡＳＭＯ定期券、Ｓｕｉｃａ定期券は可）。

これは運賃計算上のことで振替輸送にＰＡＳＭＯやＳｕｉｃａが対応できないからである。

人身事故であれば復旧までにあまり時間を要しないが、脱線などでは終日にわたって不通になることも少なくない。

また車両故障の場合は、その原因によってさまざまであり、ブレーキ不緩解故障などでは意外に時間がかかってしまう。よくブレーキ故障を耳にするが、これはブレーキが緩まなくなり列車が動けなくなる例が多い。その原因の大半は列車のブレーキ制御指令線に問題が発生するために起こる故障であり、何らかの理由でブレーキ指令線が無電圧になると列車の非常ブレーキが作動したままになるからである。これはブレーキをフェールセーフ構造にして安全性を担保しているためだ。

第5章

私鉄にまつわる不思議

謎043 大手・準大手・中小の区別

大手かどうかは路線規模ではなく、輸送量!!

これについては日本民営鉄道協会が定めているが、一定の明確な基準にもとづくものではない。当該民鉄の申告により審査されるものである。以前は大手14社といわれていたが、現在では相模鉄道を加えて15社、また民営化された元の帝都高速度交通営団いまの東京地下鉄（通称・東京メトロ）を入れて大手16社となった。

ちなみに記すと次のとおりである。

東京急行電鉄株式会社
東武鉄道株式会社
西武鉄道株式会社
京王電鉄株式会社
小田急電鉄株式会社
相模鉄道株式会社
京浜急行電鉄株式会社
京成電鉄株式会社
東京地下鉄株式会社
名古屋鉄道株式会社
阪急電鉄株式会社
近畿日本鉄道株式会社
京阪電気鉄道株式会社
南海電気鉄道株式会社
阪神電気鉄道株式会社
西日本鉄道株式会社

以上が大手民鉄16社である。

このうち年間輸送人員トップは東京メトロで、路線長のトップは近鉄、民鉄企業グループとしては東急ということになる。

これ以外の各社は中小私鉄であるが、新京成電鉄株式会社、山陽電気鉄道株式会社を準大手とよぶこともある。しかし準大手なる呼称はあくまでも便宜的な名称に過ぎない。

ＪＲについては民鉄（私鉄）から除外される。株式会社ではあるが旧国鉄であるためだ。

大手と中小で扱いが異なるわけではなく、伝統的な分類法に過ぎない。ちなみに私鉄労組である私鉄総連では、大手と中小を分けている。

また、バス専業事業者については中小私鉄に分類されている。

この中小グループは大手以上に各社間の規模の相違が大きい。

なお大手と中小との区分については、その路線長とは無関係であり、輸送人員や輸送密度が鍵を握っている。１００キロメートルほどの路線長を有する富山地方鉄道株式会社が中小に分類される一方、30キロメートル級の路線長ながら大手に分類される相模鉄道株式会社の例でわかろう。私鉄の実力は、その輸送量で判断され、路線規模からではない。

謎044 「普通」と「各停」は同じなのか？

各駅に停まらない「普通」がある。

私鉄の列車種別名を見ると、各駅停車列車を「普通」と表示する会社と「各停」と表示するところに分かれている。

結論から先にいうと、これらは同じである。JRでは「普通」、ときには「緩行」が用いられ、「各停」表記はしない。

東海道新幹線ホームの表示に、こだま○△号、その下か横に「各駅停車」と表示されている。「こだま」といえども本来は特急のハズ……なのに妙だ。

この「各駅停車」が意味するものは、その言葉どおりに、種別ではないということがJRの感覚だからだ。線路上のすべての駅に停車するという意味においては確かに「こだま」は各駅停車である。

では普通列車はどうなのだろう。やはり全駅に停車するのか？

答えはNOである。JRでは普通列車が通過する駅があるからだ。深夜、早朝であるとか、ホームはあるがその運行列車にとってはホームとみなさないなどいろいろなケースがある。国鉄時代はとくにこうした例が散見された。例えば東海道線、横浜－大船間だ。

今は東海道線と横須賀線は別の線路を走っているが、東京－大船間で横須賀線が東海道線を走っていた時代があった。

その頃、東海道線の横浜－大船間に横須賀線の列車のみが停車する駅が2つあった。保土ケ谷と戸塚である。ところが同じ線路を走る東海道線の普通列車は、この2駅を通過していた。つまり線路上にあるすべてのホームに停まるわけではないので「各停」とはいえない。

国鉄の頃、前記の類似例は全国にたくさんあった。それで「普通」という表記にしたと考えられる。

私鉄にこういった例は見当たらない。だから正式に「各停」が使える。ただし以前、京成本線の京成上野－日暮里間に博物館動物園という駅があり、デイタイムのみの営業なので朝夜はすべての列車が通過した例はある。きわめてめずらしい例だが、その京成も偶然か否か、表示は「普通」を用いた。

各停と普通、あえてその違いを見つけると前記したとおりであるが、実際は同じ意味として使用されている。

事業者サイドがどちらを用いようが乗客側では「各停」「各駅停車」という場合がほとんどである。普通というよび方はあまり耳にしない。

小田急や相鉄など「各停」を表示しているが、このほうが利用者にとってはわかりやすい。あえていうなら「普通」は国鉄語、「各停」は民鉄語といえなくもない。

なおＪＲで用いている「緩行」なる用語を旅客案内に用いる私鉄は皆無である。

謎045 特急料金がかかる？　かからない？

各社で異なるため、初めて利用する人にはわかりにくい。

この現象は私鉄固有のものであり、ＪＲにはないことである。私鉄とＪＲにおける特急に対する取り組み方の根本的な相違がよく表れている。

ＪＲ（国鉄）では特急という名の列車種別は、もっぱらその一部に観光特急をふくみつつも、それは都市間連絡が目的であり、通勤通学輸送に供する考えはなかった。

純然たる優等列車であり、近年はかなりあやしくなってきたが、そうはいっても明確に通勤電車とは異なる存在である。

一方、私鉄の多くは通勤通学輸送を主たる業務として位置づけているため、この分野に最速列車としての特急を充当してきた。日常輸送であり特急といえども一般列車に過ぎない。車両も通勤形を用いており、特別料金は不要である。そのかわり単に停車駅を少なくした程度の存在で、特別なサービスを提供するものではない。

そうした中でも京急、京阪は特急車に一般車と異なる車両を走らせている。京急２１００形、京阪８０００系がそれである。京急では快特（語源は「快速特急」）へ２１００形を汎用車とともに投入する。京阪８０００系は特急として投入される。特急料金を必要としない特急に、こうした特別な車両を投入する例は少ない。

私鉄にもＪＲ形ともいうべき特急料金を必要とする特急はあるが、その多くは小田急ロマンスカ

図45－1　西武鉄道の特急「小江戸」。「ニューレッドアロー」と呼ばれるこの車両が、池袋－飯能・西武秩父間では「むさし」「ちちぶ」として走る。（所沢駅、2010年４月26日著者撮影）

ーに代表される観光列車が長年にわたってその主役であった。

都市間連絡を目的とした私鉄有料特急は少なく、例を示すと名阪連絡を主とする近鉄特急や大阪－和歌山を結ぶ南海特急「サザン」がある。東京圏でも西武新宿－本川越を結ぶ西武特急「小江戸」がこの例に近い。

このほかに、いわゆる空港連絡特急というカテゴリーが存在し、これも私鉄有料特急として台頭してきた。京成、名鉄、南海が運行している、京成スカイライナー、名鉄空港特急ミュースカイ、南海ラピートである。

さらに通勤通学輸送にも有料特急を設定する私鉄も何社かあるが、観光特急の間合い運用から派生したものが始まりであった。

こうした有料特急はあるのだが、やはり私鉄特急は通勤形車両で運用している点が特徴的であり、そこがＪＲとの決定的な違いだ。

ＪＲ東日本の中央特快などの例は、まさに私鉄特急のそれである。

私鉄は特急の大安売り状態が昔からあり、ＪＲも国鉄後期から特急の大安売りが顕著だ。特急とは特別急行の略称が本来だが、普通急行が存在してはじめて特別急行がある。今では急行がほとんど消えて特急のひとり歩き状態……それがＪＲだ。私鉄にもそうしたところはある。京急の急行など申し訳程度の存在に過ぎない。デイタイムなど普通と快特が中心となり特急すら影が薄い。要は「速いイメージ」の種別でアピールしているわけだ。

私鉄特急における特急料金の中には、実際は座席指定料金あるいはグリーン料金であり、スピードへ対する対価とはいえないものがある。小田急など一部の特急（スーパーはこねおよび一部のはこね）を除けばその所要時間は快速急行と大差がない。

東武特急スペーシアも快速と大差ないスピード

表45－1　大手私鉄の有料特急（2010年４月現在。臨時列車およびＪＲや地下鉄との相互直通運転列車は除いた）。

	追加料金不要の無料特急	運賃のほかに料金のかかる有料特急						
			列車愛称名			車両愛称名		
東武鉄道	×	○	けごん	きぬ	りょうもう	スペーシア		
			しもつけ	きりふり	TJライナー			
西武鉄道	×	○	ちちぶ	むさし	小江戸	ニューレッドアロー		
京成電鉄	○	○	スカイライナー	モーニングライナー	イブニングライナー	AE		
京王電鉄	○	×						
小田急電鉄	×	○	はこね	スーパーはこね	さがみ	LSE	HiSE	RSE
			えのしま	ホームウェイ		EXE	VSE	MSE
東京急行電鉄	○	×						
京浜急行電鉄	○	△注)	ウイング					
東京メトロ	×	×						
相模鉄道	×	×						
名古屋鉄道	○	○				ミュースカイ		
近畿日本鉄道	×	○				ビスタカーEX	アーバンライナープラス	アーバンライナーネクスト
						さくらライナー	伊勢志摩ライナー	ACE
南海電気鉄道	○	○	ラピートα	ラピートβ	サザン			
			こうや	りんかん				
京阪電気鉄道	○	×						
阪急電鉄	○	×						
阪神電気鉄道	○	×						
西日本鉄道	○	×						

注）着席整理券による座席定員制

図45－2　東武鉄道のターミナル・浅草駅に入線する「スペーシア」。日光・鬼怒川方面への観光客向けの特急である。（浅草駅、2009年３月31日著者撮影）

図45－3　名古屋の空の玄関・中部空港へのアクセス特急「ミュースカイ」は、名古屋とを結ぶだけでなく、岐阜や鵜沼方面へも顔を出している。（名古屋鉄道神宮前駅、2008年７月30日谷川一巳氏撮影）

図45−4　近畿日本鉄道の「ビスタカー」は、２階建車両を組み込んで走り、都市間輸送と観光地輸送の両方を行う。（十条駅、2008年12月19日谷川一巳氏撮影）

図45−5　正面からのデザインがユニークな、関西空港へのアクセス特急「ラピート」。「ラピートα」と「ラピートβ」があり、βのほうが停車駅が多い。（天下茶屋駅、2007年７月30日著者撮影）

であるが、東武では営業政策上からか快速の大半を区間快速に降格させて特急への旅客誘導に出た。乗客の足元を見たサービス低下と断ぜざるを得ない。有料特急を持っている私鉄では、その利用促進をはかるために、一般列車のサービス向上をあえて行っていないと思えてならない。東武における快速列車の大幅な減便措置、小田急における快速急行列車の車内設備などがそれである。

これに対して有料特急を有しない私鉄では優秀な車両設備を持つ特急を運賃だけで提供している例がある。京浜急行、京阪電鉄、阪急電鉄などだ。中でも京阪8000系は運賃のみで利用できる特急として日本一の豪華車両だ。こうしたサービスの良さは大阪圏の私鉄に目立つ。東西格差は思いのほか大きい。東京圏私鉄で、いわゆるロマンスカー形特急を除くと、特急の名に恥じない高速性がある列車は京王の特急と京急の快特だけだ。

小田急の快速急行も速いが本数が少ない。さらに本厚木－新松田間で各駅に停車する。

これは京急の快特にもいえることで堀ノ内－三崎口間で全駅に停車する。すると全線を特急らしく快走する列車は京王だけだ。

東急の東横特急も急行にくらべると速いが、これは急行が「隔駅停車」だからそう感じるに過ぎない。

ひとくちに特急といっても各社でその位置づけに大差があるということである。

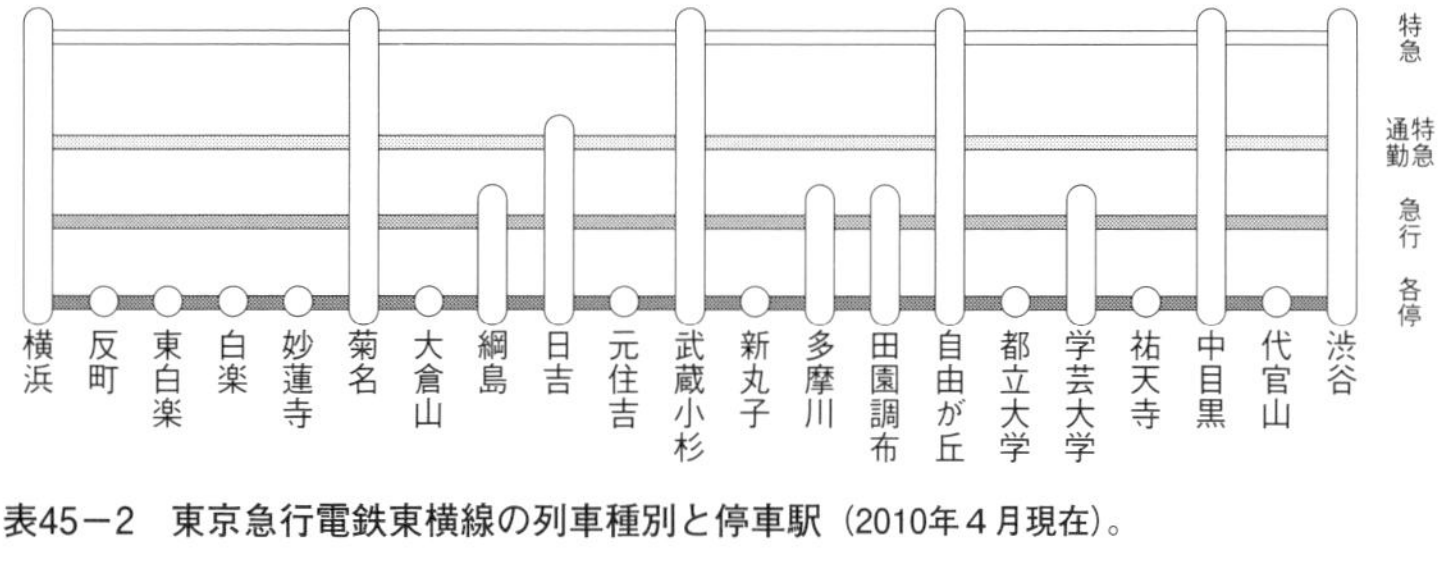

表45－2　東京急行電鉄東横線の列車種別と停車駅（2010年4月現在）。

謎046 私鉄有料特急の謎

特急ネットワークは近鉄がいちばん充実している。

有料特急専用車両を持つ私鉄は、東武鉄道、小田急電鉄、西武鉄道、京成電鉄、名古屋鉄道、近畿日本鉄道、南海電気鉄道の7社である。質量ともに充実しているのは小田急と近鉄だ。この2社は箱根や伊勢志摩そして大和路といった有数の観光地を沿線に持っていることから観光客誘致策の一環として古くから有料特急を走らせてきた。

その点では日光・鬼怒川を有する東武も同じである。ただ東武はスペーシア100形のみであり、ほかに200形、250形特急があるが、それらは日光・鬼怒川とは無関係の赤城特急に使用されている。

100形スペーシアは1720形デラックスロマンスカー（DRC）の後継ということで登場し車内設備の豪華さは、今でも日本一である。インテリアが沈んだ色調というのが気になるが、ブルーグレー系でまとめてあり、観光目的というよりもビジネス特急の落ち着きがある車両だ。外塗のジャスミンホワイトをベースに、サニーコーラルオレンジとパープルルビーレッドの華やいだカラーリングと対照的なインテリアである。座席はフリーストップリクライニングのハイバックシートで掛け心地は良いが、若干ながら前席背ズリ高から感じる圧迫感がある。

そうした点では小田急30000系EXEの車内設計のほうが完成度が高い。EXEは異色の小田急ロマンスカーともいわれ、前面展望席がないなど、それまでの伝統を破ってデビューした。それゆえ、賛否両論ある車両だ。しかし、あらゆる面でその完成度が高く、前面形状に多少の難を感じるものの乗車するとＶＳＥ５００００系よりかえって良好な乗り心地とインテリアに思える。

　外塗のハーモニックパープルブロンズが深みのある上品な色で、ちょっとほかに例がない。ＭＳＥ６００００系のフェルメールブルーも鮮やかだが、高級感ではＥＸＥであろう。

　ＶＳＥ５００００系は確かに上質感があり快適な車両だが、台車の振動特性に若干の難を感じる。厳しく見ればの話だ。

　こうした車両にくらべると近鉄特急はどうだろうか。２１０００系アーバンライナー以降にデビューした２２０００系ＡＣＥ、２３０００系伊勢志摩ライナー、２１０２０系アーバンライナーネクストなど、用途に見合った特急車が登場して華やかになった。

　いわゆる１１４００系エースカー、１２０００系スナックカーなどの時代は特急網の充実においては見るべきものが多いが、車両の魅力となると３００００系ビスタカーの登場までの間、１０１

図46　藤沢駅に停車中の小田急電鉄ロマンスカー 30000系「ＥＸＥ」。この写真では貫通路が見えるが、これは連結面にしかないので、相模大野で分割された後では見ることができるが、新宿駅では見えない。（2009年３月31日著者撮影）

00系ビスタカー以来ブランクがあったように思う。ちょうど広大な路線網を有する近鉄の特急網形成を進めた時代と重なる。

大阪、京都、名古屋、奈良、吉野、伊勢志摩などを結ぶ近鉄の特急ネットワークの充実ぶりは、私鉄、JRを問わず日本一である。これに匹敵する私鉄は見当たらない。車両面での充実ぶりでは小田急も近鉄と互角だが、箱根と江ノ島方面だけなので特急ネットワークを形成できる路線形態ではなく、これは仕方がない。

東武特急スペーシアはといえば、これが観光特急なのか、都市間連絡特急なのか、停車回数を増やしたことで性格がぼやけてしまった。前記したように快速の役割を特急に転嫁した結果である。

京成、西武、南海は有料特急もありますよといった感じである。

西武10000系NRAは実用性は高い特急車ではあるが、あくまでも車体更新車に過ぎない。車内も平凡にまとめられている。

京成、南海も大同小異だが南海特急「ラピート」は奇抜すぎてコメントのしようがない。幼稚園児や小学校低学年の子供たちがよろこびそうな車両である。また京成の新AE車だが、そのデザインを見ると、これもまたコメントに困る。

そうした新作の中では小田急VSE、MSEは無難にまとめた感じだ。VSEの先頭部、前照灯のレイアウトに問題なしとはいえないが編成全体のフォルムはよくできている。シルキーホワイトとバーミリオンストリームのカラーリングにグリーンペンガラスが美しい。先頭車のサイドビューを見ると曲線処理の絶妙さを感じる。乗車意欲をかきたてるデザインである。

特別な日に特別な目的で利用する本来の特急ロマンスカーの姿をした車両だ。それはいわば小田急におけるロマンスカー文化の原点回帰ともいえそうである。

謎047 運賃制度の謎

輸送密度が同じなら同一運賃のはずなのだが……。

私鉄における運賃制度はJRと異なり幹線、地方交通線の2本建てではない。しかし新線区間での割増運賃制度は存在している。その割増率は各社ごとに違うが、京急空港線の天空橋－羽田空港間の170円アップなどがその典型である。この区間と他区間をまたいで乗車する場合に通常運賃にこの金額が加算される。

京成の京成成田－成田空港間などでも同様の加算があるのだが、なぜ空港利用客への大幅加算制度が認められているのか、いささか疑問に思う。航空機利用客が過処分所得を多く有するという発想だとしたら前時代的だし、通常の新線割り増しは100円以下であるから、170円、140円というのはやはり取り過ぎではないだろうか。

この空港客への割増運賃制度については、羽田空港などへ向かうバスにも存在している。

初乗り運賃については、これを東京圏大手私鉄で見ると、120円～160円と幅がある。もっとも高い160円は東京メトロであり、他は上限で140円だ（すべて2010年1月現在）。

対キロ運賃や何キロで運賃を加算するかなど、各社ごとに相違している。JRと比較した場合、例えば東京から50キロ圏で見ると、私鉄が50加算されるのに対してJRは100くらい加算されるので、かなりの開きになる。

せめて全社、通年にわたって1日乗車券を発売するべきだ。これがない私鉄は多い。

また、2社をまたぐと初乗り運賃を合算するので距離の割に高い運賃になってしまう。わずかな割引制度が適用される例もあるようだが、お茶を濁した感が強く、抜本的に改める必要があろう。

ところで私鉄は安いと早合点してはいけない。JRが高すぎるだけである。電車特定区間内の相互発着ならば割引運賃が適用されるためまだよいのだが、一歩でも電車特定区間から出ると運賃が急に高くなるのがJRである。

この電車特定区間の一例をあげてみよう。横須賀線の久里浜は区間内のために東京から片道1210円（東京から70・4キロ）である。一方、東海道線の場合は大船までが電車特定区間であり、その先（藤沢、茅ヶ崎、平塚方面）は区間外となるために同じく70・4キロを乗ったとしても、その運賃は1280円になる（すべて2010年1月現在）。

なぜ横須賀線を優遇するのかといえば京浜急行が並行しているからだ。ライバル線がない東海道線だと久里浜よりも東京からの距離が近い平塚でも電車特定区間に入れてもらえない。平塚は東京から63・8キロ。運賃は1110円。もしも電車特定区間であれば、その運賃は1050円になる。

このようにJRは私鉄を意識しているのだが、久里浜－品川間で比較すると、JRが1050円なのに対し、京急だと760円で大きな差がある。

もっとすごいのが藤沢－新宿間だ。

JR＝950円。

小田急＝570円。

私鉄とJRが同一走行距離ではないので単純比較はできないが、JRが割高であることは確かである。

国鉄時代に出した莫大な赤字が原因しているためとはいえ高すぎる。

本来ならば鉄道運賃は輸送密度が等しければ同

一運賃であるはずだ。しかし現実には相違があり私鉄同士でも同じではない。つまり、その差を生みだす原因、それが各社の体力差や経営効率からきている。

不採算線区が多い東武が高め、それがない東急は安い。こうした各社の台所事情により運賃に幅があるということである。

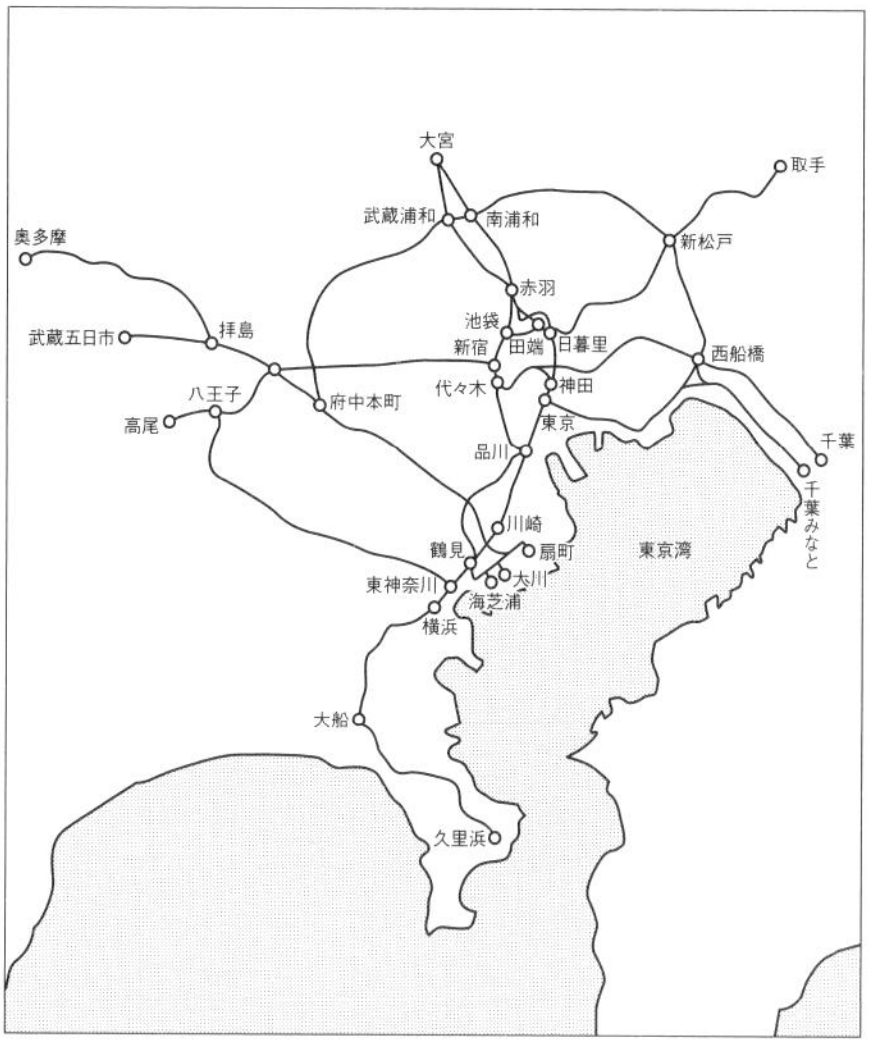

図47－1　東京の電車特定区間。

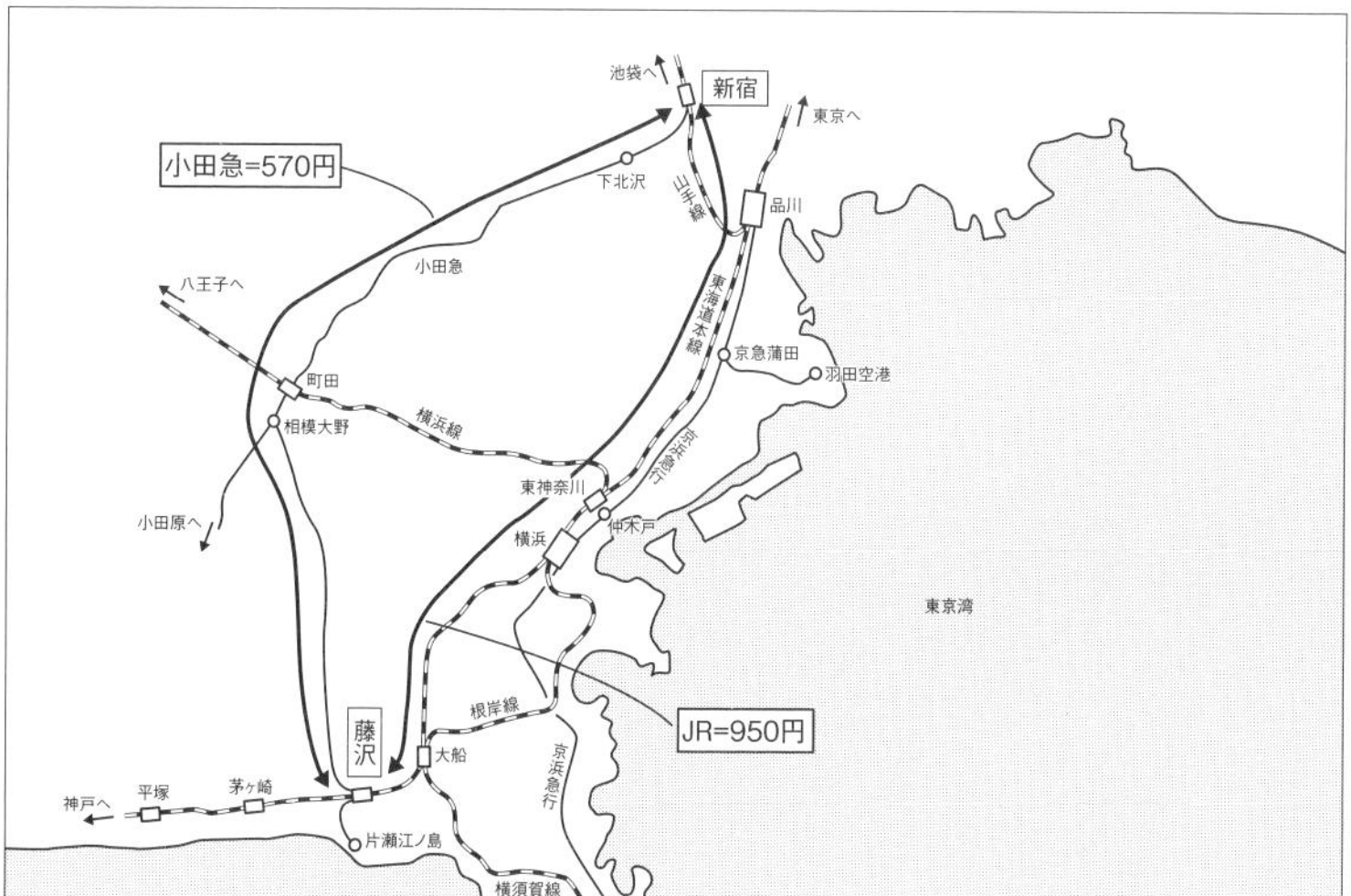

図47－2　新宿－藤沢間は、ＪＲと小田急電鉄とでは、運賃が大きく異なる。

謎048 私鉄特急の座席指定券の謎

JRの「マルス」にあたるものはあるのか。

「マルス」とは、JRにおける座席指定券（特急券など）の発券システムのことで、1964年10月の東海道新幹線開業に合わせて導入されたオンラインシステムである。それまでの台帳管理と比較して大幅な効率化を達成した発券システムとして広く知られており「みどりの窓口」を誕生させた。国鉄時代に開発し、その後度重なる改良を加えながら現在に至る。

これにくらべて私鉄の特急座席指定券発券システムの構築はおくれていた。

そもそも座席指定制列車の運行本数が私鉄とJR（国鉄）とでは大きく違う。特急座席指定列車網とよべるものが皆無に等しかった。手作業の台帳管理で対応できたのである。

昭和40年代における私鉄の座席指定制列車は、その停車駅も少なく、したがって乗車区間も単純で管理が容易であった。例を示すと東武では浅草、下今市、東武日光、鬼怒川温泉（日光線系統）の4駅であり、北千住は上り特急の降車扱いのみを行っていた。ほかに伊勢崎線に座席指定急行（これは日光線にも少数存在）が走っていたが、いずれにしろ運行本数が少ない。あとはシーズン中に座席指定快速も走ったが、すべて手作業で発券していた。これは小田急も同じであった。

小田急の例では新宿、小田原、箱根湯本（箱根登山鉄道）、藤沢、片瀬江ノ島が特急ロマンスカー停車駅であり町田、本厚木などが加わるのは後のことである。

一方、近鉄は特急の本数、系統が多く、早くから発券システムのオンライン化を始めていた。

現在では各社ともオンライン発券を行っている。自社線主要駅、旅行代理店などとオンラインで結んでおり座席管理のコンピュータ化を完了している。ただＪＲの「マルス」に相当するネーミングは特段にないようだ。

ホームにも発券機があるので発車直前まで購入可能である。こうした発券システムが発達したことで小田急は、特急ロマンスカーの途中停車駅増加が可能になった。座席管理が容易にできるようになったからである。

また二重発券ミスによるトラブルも大幅に減少している。とはいえゼロになったわけではない。コンピュータが万全かといえば、そうともいい切れず、事実、二重発券トラブルは現在でも見られる。このため車掌の持ち席をなくすことはできない。これは私鉄、ＪＲに共通することである。

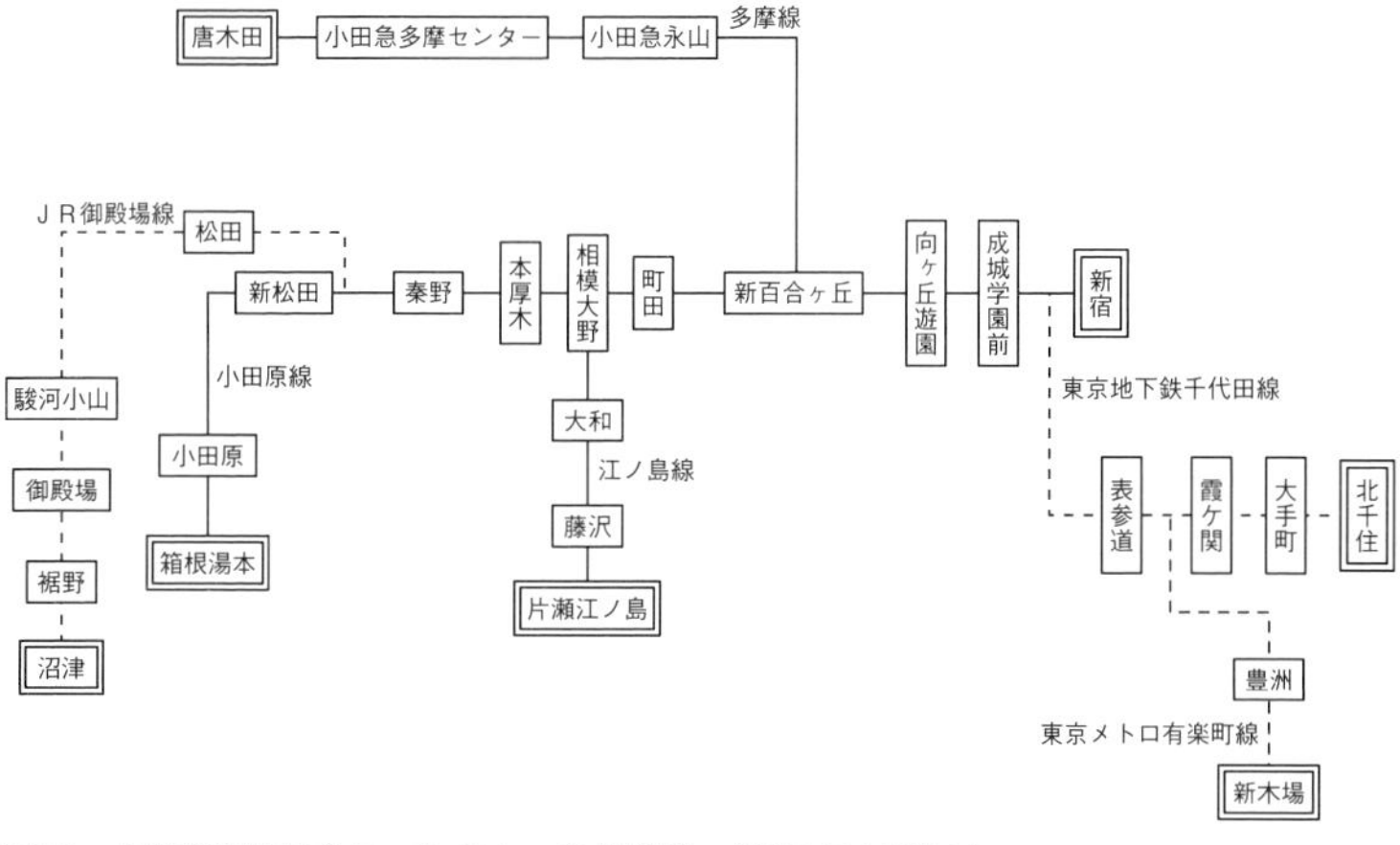

図48　小田急電鉄特急ロマンスカーの停車駅。（2010年４月現在）

謎049 私鉄のターミナルはなぜ櫛形が多い？

他線区とのネットワーク化でスルー形になっていく。

櫛形ホームのことを頭端式ホームという。これは行き止まり形のことでデッドエンドになっている。

これに対して貫通式、すなわちスルー形のターミナルがある。

私鉄のターミナルにはデッドエンド形が、ＪＲのそれにはスルー形が多いといわれているが、それはなぜなのか。

その答えは他線区とのネットワークにある。私鉄も相互直通運転の発達で多くの路線で実施されるようになったが、以前は各社ごとに路線が独立していた。もちろんそれは現在でもあるのだが、ＪＲは国鉄時代の大ネットワークを受け継いでおり、線区を越えて運転される運行形態が多くある。湘南新宿ライン、中央・総武線、横須賀・総武線などだ。

またＪＲは、その路線規模が大きいために、各ターミナルは列車運行ダイヤ上における便宜的に設けた分界点といったものが多く、新宿、東京、上野などすべてそれである。

一方の私鉄は、名実ともにターミナルは始終点駅として機能してきた。この場合、必然的にターミナルはデッドエンド形になる。

つまり列車の運行形態に起因しているわけだ。私鉄を見ると以前はデッドエンド形ターミナルであった京急の品川駅と京成の押上駅は、都交浅草線（1号線）との直通運転化でスルー形に改造されている。東急東横線渋谷駅も、地下鉄副都心線との直通運転化でデッドエンド形からスルー形の新駅へ移転する。

当初から地下鉄半蔵門線と直通運転で計画された東急田園都市線（当時は新玉川線）渋谷駅などは、完全にスルー形になっている。京王の新線新宿駅もある。同様の例だ。

このように、私鉄も他線との直通化でスルー形が増えている。デッドエンド形ターミナルはターミナルとしての見栄えはよいが、他線とのネットワーク化（相互直通化）ができない。

JR総武線の本来のターミナルは両国駅であった。同線の場合など中央緩行線、横須賀線との直通化でデッドエンド形の両国ターミナルは使用されなくなった。これなどその典型例である。

ところで地下鉄のターミナル駅はどこかと問われて、特定の駅が思い浮かぶであろうか。答えが出ないに違いない。それはとりもなおさず地下鉄がフルネットワーク路線であるためだ。JRもこの例と同じである。

ゆえにJRのターミナルはスルー形になっており、上野駅地平ホームくらいしか東京にはデッドエンド形が存在していない。

私鉄ターミナルにそれが多い理由は、各線ごとに単独運転で開業した歴史的背景に起因していたのである。

謎050 接続駅・共用駅の謎

業務や財産、経費はどのように各社が分担するのか。

これには日常業務上での分担、財産区分、経費負担の3点が考えられる。

定形化された考え方はなく、ケースごとの取り決めが行われている。

例えば東急田園都市線と東京メトロ半蔵門線との接続駅である渋谷駅の場合は、東京メトロの業務管理駅になっていた（2007年12月2日から東急に移管した）。

また京王線と東京都交地下鉄新宿線との接続駅である新線新宿駅の例では京王が業務管理を行うなど、いろいろなケースがある。

京王の新線新宿駅は一見すると別駅だが、改札内で通路による接続が在来の京王線新宿駅との間にあり同一駅と見なされている。

一方の東急田園都市線渋谷駅は東急東横線渋谷駅とは別駅になっており、改札内通路がない。現在はいったん改札を出ないと、行き来ができない。

しかし東横線は、2012年から東京メトロ副都心線と接続予定で、改札内で行き来ができるようになる。

こうした構造の違いも確かにあるのだが、それをもって判断はできない。定形化されていないと記した理由がここにある。

財産区分は建設費負担割合によるが、ホーム床面上に境界を設けてある例が多い。目立つものではないので乗客はまず気づかないだろう。

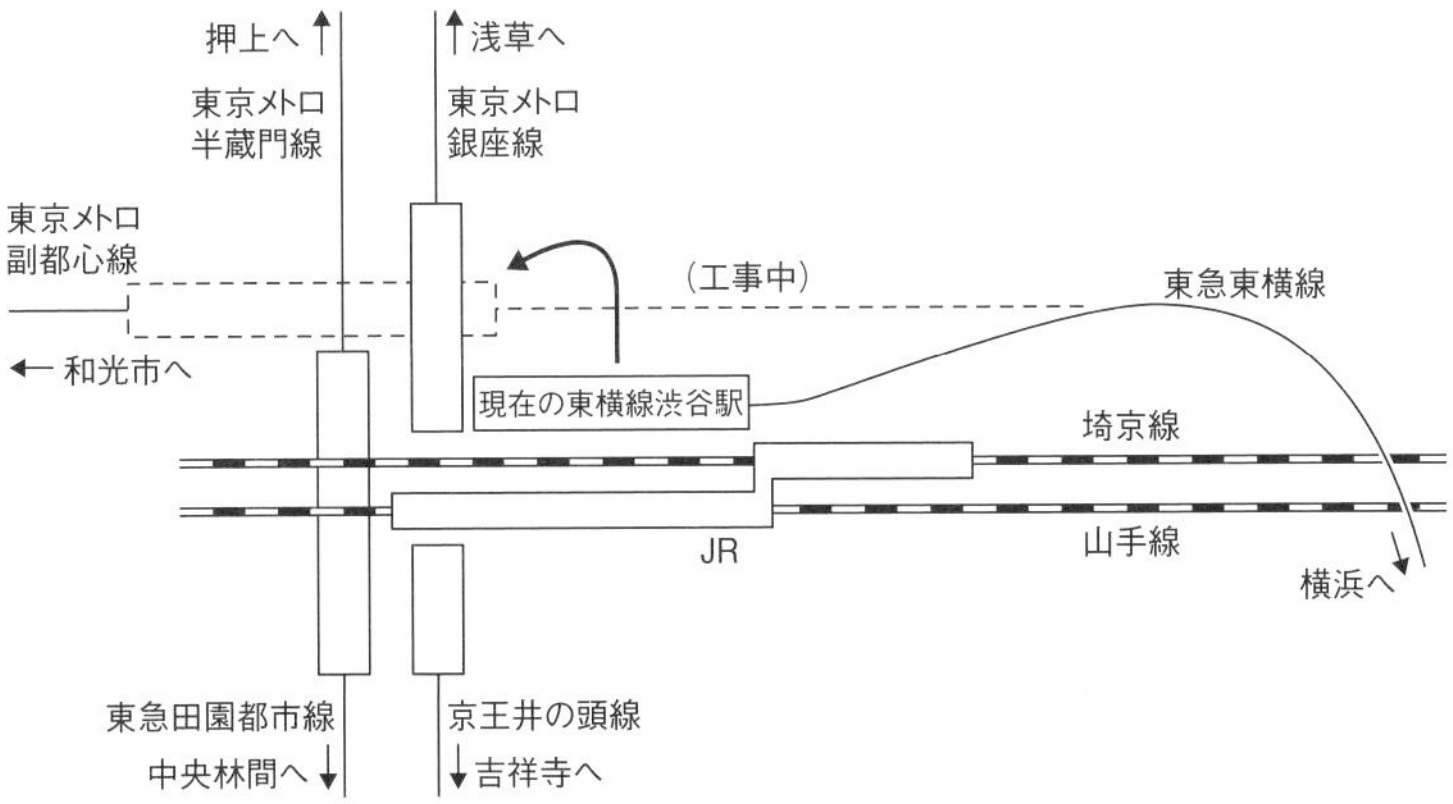

図50　現在の東横線渋谷駅は、田園都市線渋谷駅の近くに移動して東京メトロ副都心線と直結する。

次に経費分担についてであるが、これは両者で行う例が多い。それらの契約条項は両者間で取り決めることなので、これもケースごとに相違してくる。光熱水費、人件費、保守管理費などさまざまな経費について取り決めがされている。

駅のことではないが東京メトロ南北線の目黒－白金高輪間では、都交地下鉄の車両がこの区間を走行するが、これは都交が第二種鉄道事業者として運行しており、通常の直通運転とは異なっている。運賃合算を単純に行わないのもこうした性格からである。

謎051 「上り」「下り」の謎

私鉄においては「上り」「下り」はどうなっているのか。

これに関しては定義とよべるようなものは存在していない。一種の「慣例」に過ぎないのである。原則として、その事業者の起点と定めた方向へ向かう列車を「上り」、その反対を「下り」とする例が多い。

東京圏では都心方向を「上り」としているから、京急、東急、小田急、京王と東武では「上り」列車が逆向きになり、西武と京成も逆向きとなる。

またJR京浜東北・根岸線では「北行」「南行」で表現し、東京メトロでは「A線」「B線」とよんでいる。

実のところ、この「上り」「下り」という表現は使いにくい表現でもある。例えばJR南武線、横浜線など、どちらの方向が「上り」か「下り」か、チョット迷ってしまう。

JR南武線は神奈川県川崎市と東京都立川市を、JR横浜線は神奈川県横浜市と東京都八王子市を結ぶ路線である。この場合など果たしてどうなるのかだ。JR東日本では南武線「上り」を川崎方向、横浜線は東神奈川（横浜市）方向を「上り」と定めている。

すると東京都から神奈川県へ向かう列車が「上り」列車となる。こうした矛盾が生じるのも確かである。

では、江ノ島電鉄はどうだろうか。江ノ電は神奈川県藤沢市と同県鎌倉市を結ぶ全長10キロメートルの路線であるが、どちら方向が「上り」なのか。

答えは藤沢方向が「上り」である。

しかし、これは地元民でも即答できないと思う。江ノ電は藤沢から鎌倉へ向けて開通した路線であり、この例などは前記した起点をベースにした「上り」「下り」である。

おもしろ話になってしまうが箱根登山鉄道では山を登る列車が「下り」であり、山を降りる列車が「上り」だ。

これも小田原を起点として考えるためである。こうした例なら愛嬌で済むのだが東京人が大阪へ行くと面くらうことがある。

それが阪急京都線と京阪だ。両者とも大阪から京都へ向かう列車を「上り」と定めている。確かにこれはＪＲ東海道と「上り」方向がそろうが、感覚的には阪急や京阪だと梅田や淀屋橋に向かう列車が「上り」だと感じてしまうからだ。自社の起点から逆走する列車が「上り」……この感覚が東京人にはつかみづらい。もともとの語源は「都へ上る」から来ているとはいえ、今はそうした感覚などない。「より大きな都市」へ向かうのが「上り」と思っているからである。すると前記したＪＲ東日本の南武線、横浜線の例に合理性が見えてくる。

この「上り」と「下り」は、外国人には全く理解できないであろう。便利そうに使っているが、これほどあいまいな用語もめずらしい。

謎052

軌道の謎

「鉄道」と「軌道」では、何がどう違うのか。

この問いに即答できる鉄道ファンは少ないはずだ。それは鉄道線と軌道線の違いだと答えそうであるし、また路面電車を軌道、専用の走行路（敷地）を走るものを鉄道と考えるかもしれない。

一般人にとってはカレーライスとライスカレーくらいの違いだろうと思うだろう。

いずれの答えも正解とはいえない。

まずは言葉の定義から考えてみる。鉄道とはその施設全体を表し、軌道とはその走行路を表している。だから鉄道と軌道はイコールとなるはずだ。例えば、鉄道各線でレールなどを保守点検する作業のことを軌道管理などというが、鉄道管理とはいわない。このように実体本位で見れば、鉄道を構成する部材が軌道であることがわかる。

ではなぜ鉄道線、軌道線などと分けているのかだ。本来同義である言葉をあえて分けたからややこしい。そもそもはといえば法律上の分類として用いた表現の違いなのである。古くは私設鉄道法、軽便鉄道法などがありこれらは後に地方鉄道法に集約される。

また国有鉄道法との対立概念と考えてもよいものであり、民鉄（私鉄も同じ意）は地方鉄道法の適用を受けるものと、軌道条例にもとづくものとがある。地方鉄道法と国有鉄道法は現在、鉄道事業法に一本化されている。

軌道条例であるが、これは線路の一部が路面上にあれば適用可能であった。ひとくちでいえば軌道で開業するほうが事業者にとって楽であった。

官設鉄道との並行線であっても認可が下りやすい点も大きい。鉄道線のライバルと見なしていなかったからだ。それもあって今でいうＪＲ線と並行する私鉄の大半が軌道線として開業している。現在の京急、京成、京王、阪急、京阪、阪神、近鉄などだ。後に鉄道線へ変更認可を受けた私鉄である。大阪圏私鉄に多く、南海と旧新京阪鉄道（現在の阪急京都線）以外の全大手が該当する。

こうした東西の地域性が大きい。

大阪圏大手私鉄は軌道線といってもそれは法律上のことに過ぎず、その実体は鉄道線として存在していた。地形的に大阪圏では官設鉄道と競合しやすい。大阪－神戸間などとくにそうだ。軌道条例によって軌道線として開業へこぎつける手法は、ひとつの方便であったわけである。その副産物的に生まれた言葉が阪急の小林一三が造語した「電鉄」である。電鉄という用語は電気鉄道の略語と考えられているが、実はそうではなく小林が苦肉の策としてつくった新語であった。鉄道を名乗ることが認められなかった往時の軌道線ならではのアイデアである。このため「××電気鉄道」を名乗る私鉄を「××電鉄」と略すことを正しくないと主張していた識者がいたほどである。

しかし現状本位で見れば必ずしもそうとはいえない。この「電気鉄道」を正社名にしている私鉄は大阪圏に集中し、東京圏大手にはない。

なお現存する大手私鉄の中で設立当初より本格的な高速電気鉄道として開業した私鉄は小田急電鉄のみである。ほかは電気軌道か蒸気鉄道として開業した。そうした中で東急のルーツである目黒蒲田電鉄は微妙で、鉄道線で設立し電車運転をしていたが、小田急とは異なり高速電車ではなかった。純法律的見方に限定すれば、これも開業時からの電車運転をした「鉄道」である。

謎053 バス会社の謎

私鉄各社はバス会社を持っている。

大手に関してはバス会社をすべて有しているが、組織再編で電鉄本体による直営から子会社へバス事業を移管した。

以前からバス事業を子会社方式で行っていた大手私鉄は小田急電鉄、西武鉄道、阪急電鉄の3社であるが、このうち小田急は、一時期、箱根への高速バスに限って小田急電鉄本体で運営していたことがある。また現在でも日本最大のバス専業事業者である神奈川中央交通を傘下におさめている。

バス事業は電鉄会社から見ると自社鉄道線を培養ないし補完する意味で不可欠な存在といえよう。資本面で見るとバス事業は少ない投資で経営できるから、全大手私鉄がこれを行っている。車両と乗務員そして整備係をそろえれば可能な事業だからだ。

鉄道のように固定費を必要としない。道路は行政まかせで済む。さらに車両価格も安い。電車だと1両が1億円以上になるがバスは1両が約2000万円程度で買える。そこで各社とも昔からバス事業を行っているが、中には九州の西日本鉄道のようにバス事業こそが本業で、事業全体に占める鉄道の割合が極端に少ないといった例もある。

先に、電鉄本体から子会社にバス事業を移したと書いたとおり、これは全社におよんでいる。さらに地域ごとに分社化している例が多い。このことについては電鉄系バス事業者だけではなくバス専業事業者についても同様である。そのねらいは人件費の抑制、分社化することで地域からの補助金交付など、いろいろとある。バス事業を取り囲む経営環境の悪化が原因しているからといえよう。

夜行高速バスについてはおおむね好調で推移しているが、これについても各私鉄間に事業に対する温度差が見られる。

東京圏私鉄では京王、京急が、大阪圏私鉄では京阪、阪急がとくに力を注いでいる。逆にこの分野から撤退した東急の例もあり、各社さまざまといったところだ。

観光バス（貸切）については規制緩和で新規参入業者が多いため、ローコスト勝負による価格競争の激化で過当競争となり厳しい状況下にある。私鉄系バス事業者の多くが観光バス部門を路線バスから分離し、独立させ、傘下のタクシー業者に統合させたりと再編が行われている。タクシーについては直系関連子会社で運営しているが、資本参加にとどめている例もある。

なおタクシーは公共交通ではない。不特定多数の人々が乗り合わせることが公共交通の構成要件とされているからである。したがって観光目的の定期観光バスについても法律上の分類では路線バスになる。不特定多数の乗客を乗せて走るからだ。貸切観光バスと明確に分けているところが興味深い。

謎054 ホームドアの謎

本当に安全なのか？

ホームドアは和製英語であり、英語ではスクリーンドアという。これが示すとおり単なるフェンスではなく上から下まですべて強化ガラスでホームを塞ぐものになっている。

東京メトロ南北線をはじめ日本にも存在するが、コスト上の問題もあるのかホームフェンス形式の採用が多く見られる。

基本的な安全性についてはフェンス形式でも充分である。要は線路上に転落したり、列車と接触しなければよいからだ。フェンス形だと、これを乗り越えることは可能なので飛び込み自殺をしようと思えばできる。一方のスクリーン形だと、それはできない。しかしホームドアの設置目的は、線路内への転落と列車との接触を防ぐためであり、自殺防止ではない。コストを抑えることで、より多くのホームへ設置するほうがよいのである。

ホームドアの安全性は際立って高い。今まで普及しなかったほうがおかしく、いずれは全駅に設置できればそれに越したことはない。問題はホーム有効幅を狭くしてしまうとか、車両の扉間隔の統一が求められる点にある。しかしこれらは改良可能だ。ノーフェンスのホームというのは荒海に突き出した桟橋のように本来キケンなものである。

今までこれについて安全面での思考停止が続いていた。もちろんホームでの事故の大半が乗客の不注意で発生しているのであるが、中には不可抗力もある。失神して線路に転落するケースなどだ。

泥酔が原因なら、そんなものは本人の自己管理ができていないことに過ぎず、それを保護する必要などない。だが病的原因での転落事故は防ぐ意味がある。本来のセキュリティとは、不可抗力に備えるためにある。乗客自身の自己責任範囲のことなら乗客にその責任を取らせればよいことだ。過剰に保護する必要など全くなくムダなコストになる。日本の公共交通機関は乗客に甘く過保護だ。

ホームドアの設置については、私も大賛成である。これは本来あるべきものであり、ないことがおかしかった。

東海道新幹線で採用したのが、私が知る最初のものである。しかし在来線は私鉄、ＪＲともに長らくその動きが見られないでいた。

ここへきて、ようやく重い腰を上げた。

ＪＲでは山手線から設置に踏み切り、私鉄では東京メトロが積極的に取り組んでいる。また、相鉄や東急でも一部の駅に簡易形のホームフェンス（ドアなし）を設けた。

本格的なホームドアが理想だが、せめてホームフェンスの設置は進めるべきである。これなら大して費用を要しない。センサレスタイプでも充分だ。ないよりはるかにマシである（センサレスとは単にフェンスだけで、人感センサがないタイプのもの）。

図54　スクリーン形のホームドア。それほど高くない柵で区切っただけのフェンス形に比べて、ホームと完全に分離されるので安全性は高い。（東京メトロ溜池山王駅、2010年４月22日）

謎055

駅のエスカレータ

絶対的に数が足りない。

バリアフリー化が進みたいていの駅にはエスカレータやエレベータが設置されているが、まだ不充分な駅が目立つ。すべての階段にエスカレータが併設されているわけではなく、申し訳程度といったホームも少なくない。

長いホーム、とくに10両編成対応ホームで考えると階段は最低でも2箇所あるが、その片方にしかエスカレータを設けていない例が多い。この場合だとエスカレータのある側へ、かなり長い距離を歩くことになる。そもそもエスカレータを必要としている人は足腰に何らかのトラブルを持っている場合が多いのだから、平坦面とはいえホーム上を長く歩かせてはいけない。いっそのこと階段は非常用と考えて、エスカレータを昇降の主力にしてはどうか。エレベータと違ってエスカレータは停止しても、そのまま階段として使用可能だ。台数を増やすべきだと思う。

また、エスカレータを設けずに車イス用の昇降装置を階段に設置することでお茶を濁す例があるが、あれはよくない。

車イスを利用するほどではないが足腰の弱い乗客はいる。絶対数ではむしろこのほうが多い。なにも高齢者に限った話ではない。車イス乗客しか使用できないというのは、おかしな話なのである。

エスカレータ、エレベータについては駅ごとに大きくそのサービスレベルが異なる。JR東日本横須賀線の鎌倉駅には、ギネスブックに載りそうな短いエレベータとエスカレータが設置してある。これが本来の姿だ。申し訳程度のバリアフリーは早急に改めなくてはならない。とにかくエスカレータは増設するべきである。

　地下鉄の駅は意外に階段だけのところが目立つ。さらに、全事業者にいえることだが、エスカレータ、エレベータの保守点検作業をなぜ列車営業時間中に行うのか理解に苦しむ。終電と初電の間に業者にやらせるべきだ。保線作業と同じと考えるべきだと思う。

　エレベータ、エスカレータのメンテナンスは外注作業ということもあろうが、強く求めることを望みたい。メンテ業者など何社もあるので不都合な業者など切り捨てればよい。保線作業で営業列車を運休させないのと同じ考え方が欲しく思う。

　旅客サービスは駅の入り口からすでに始まっていることだ。エレベータ、エスカレータも付け足しのサービスであってはならない。

　鉄道事業者が真のサービス事業へ意識変革をするためには発想の転換がいまだ不充分のような気がする。

図55　ＪＲ東日本横須賀線鎌倉駅にある、極端に短いエスカレータ。階段を使用せずに済むように配慮されたバリアフリーの思想である。このようなエスカレータは山手線の代々木駅などにも設置されている。(2010年４月22日著者撮影)

謎056 女性専用車について

利用客の意識が高ければ不要なのだが……。

私が「鉄子」という理由からか、必ずといってよいほど、このテーマを求められる。

男性にとってよほど女性専用車が不思議に見えるのだろうか。私としてはむしろ、そちらのほうが不思議に思えるのだが……。

女性専用車については、それがチカン行為に起因したこと、これは確かである。

おそらくチカンに遭ったことがない女性はいないといってよいのではないだろうか。その回数や程度は人によって異なるだろうが、少なくとも一度は被害を受けているはずだ。よく男性が偶然触れたなどと弁解するが、女性の側からいわせてもらうと、それが偶然なのか故意なのか、これは本能的にわかる。とくに私の場合は鉄道全般に精通していることもあり、列車の加速、減速、曲線通過などで発生するモーメントから判断できる。チカンの動きはこうした列車のモーメントに反しているからだ。

何線にチカンが多いとか少ないとか耳にするが、それ以上に優等列車で多発する。これは駅間距離が長いためであろう。混雑度でいえば160〜170パーセントが危ない。200を超すと身動きができないのでチカンも動けないからだと思う。

ところで女性以上に男性はチカンに間違われることへの恐怖心があるようで、両手を上げてバンザイをして乗っている人がいる。確かに誤解も多発していよう。ならばいっそのこと男性専用車をつくれと陳情してみてはどうか。冗談ではなく本気で提案している。

東急田園都市線では下り方最後尾の10号車を女性専用車にしているが、その隣の9号車に乗り、座席に掛けていると、男性客から鋭い視線を感じることがある。「女性専用車へ行け。おまえがいなければ男が座れるのに」とでもいいたげな視線である。

彼らから見れば「俺たちは10号車（女性専用車）へ行けないんだから、女のおまえが行って座席を空けろ」と思うのだろう。10号車に空席があると必ずそうした暗黙のプレッシャーがかかる。事実、女性専用車の混雑度は相対的に低い。

女性の側からいうのも妙だが、本来は女性専用車など不要に思う。性犯罪抑止が目的であり実に情けない話だ。それをなくすためには男性の自覚にたよるしかない。

逆に女のチカンに遭ったことのある男の人っているのだろうか。知りたい話である。

図56－1　駅のホームには、この付近から乗車する車両は女性専用車であることを案内している。時間帯や区間が決まっているので利用者は注意したい。（西武鉄道所沢駅、2010年4月22日、著者撮影）

図56－2　時間帯によって女性専用車になる車両には、窓ガラスなどに案内を出しているところが多い。（車両は西武鉄道6000系。ひばりヶ丘駅、2010年4月22日著者撮影）

皆無ということはあり得ないと思うからだ。私の友人（男性）が男性にチカンされたという話を聞かされて大笑いしたことはあったが……中央特快でのことらしい。

こんな笑い話はともかくとしてチカンさえいなくなれば女性専用車なる奇妙なものはなくなるのである。

今では身体的弱者の男性と小学生までの男の子には女性専用車を開放している。かつてのシルバーシートを優先席として、その利用対象者を広げたことと同じである。

横浜市交が実施している全席優先席制度は大いに疑問だが、全車女性専用車などへエスカレートしないでもらいたい。こう冗談をいうのも実はこの冗談と同じくらいに全席優先席制度がバカげていると思うからだ。あのサービスは全席一般席と同じことになる。横浜市交の自己満足だ。

優先席へ普通の人（高齢でも身障者でもない人）が掛けていても、それを排除する法律はない。あくまでも「お願い事項」に過ぎないが、女性専用車もコレと同じだと聞いたことがある。

さて、この女性専用車だが朝だけの私鉄と、夜（夕方から）も設定している私鉄とがある。関東圏では京王と相鉄などが夜も実施している。

また、女性は冷房に弱いと早合点したのか否かは知らないが、女性専用車を「弱冷房車」にする私鉄には、いささか困っている。ちょっと発想が短絡的だ。

最後尾車両を女性専用車にしている私鉄が多いが、これは車掌の目が届くからだ。理にかなったサービスであると評価したい。

こうした事情も知らずに女性専用車を編成の端に設けるのは女性差別だと、テレビで激怒して見せた女性評論家に苦笑した覚えがある。ウーマンリブを気取るのなら女性専用車そのものに反対するのが筋であろう。

謎057 車両のデザインについて

流行を採り入れる会社もあれば、独自性で突き進む会社もある。

電車の世界にも自動車と同じように、その車両デザインに流行がある。これにには必ずベースになる名車が存在しており、その影響を多分に受けるなど、ひとつの法則ともいうべきものを見いだすことができる。

あるデザインが私鉄、ＪＲ（国鉄）の垣根を越えて普及するのだが、古くは国鉄80形湘南電車が採用した正面2枚窓スタイルが「湘南形」として知られている。これは国鉄がルーツだが、むしろ私鉄に多く同系統ともいうべき車両が次々と登場した。例をあげると京王２０００系、２７００系、１０００系（初代）、西武３５１形、５０１形など他にも多数見られた。全くこの流れと無縁だった大手私鉄は阪急くらいのものだ。

湘南形はもはや伝説上のデザインといってもよい。正面2枚窓スタイルは確かにスマートであるが機能性に問題があり、これ同士を突き合わせて連結した場合通り抜けができない。また、地下鉄へ乗り入れができない。非常時に車外へ脱出する正面非常口がないからだ。

現在のように8両、10両固定編成であれば地上線における使用で不都合はないが、このデザインが流行した昭和20～30年代はというと、とくに私鉄での編成両数は2～6両程度であり、6両編成はまれな長編成であった。１９６３年（昭和38）に西武鉄道は10両編成を走らせたが、これは雑多な形式の寄せ集めで組成したに過ぎない。もともと西武は正面貫通構造を採用しない私鉄だったから、これでもよかった。このような例もあるが多くの私鉄では湘南形は長く続かず、正面貫通扉付き3枚窓スタイルにほぼ統一されていく。

西武とは逆に東武は特急車両の一部を除き正面3枚窓貫通式を採用していた。73系、78系、8000系を経て30000系へと伝承されている。

比較的後年に至るまで湘南形もしくはその亜流を採用したのが、西武、京王（井の頭線）である。一時期には京急にも多く見られたスタイルなのだが、急速に減少した。

湘南形の生みの親である国鉄でも長続きしていない。ひとつには製作工程が面倒な点も、その理由であろう。国鉄では101系から正面を平面で構成するように改めている。曲面があると製作に手間を要するからだ。

デザインとして好ましくても、それだけでは普及しないのである。ここに鉄道車両固有の事情がある。というのは、自動車の例ではデザインの良さが売れ行きを左右するが、これはエンドユーザーを商売相手にしているためだ。しかし鉄道車両はそうではない。すべてオーダーメイドであり使用するのは個人ではなく事業者である。そこにはプライオリティとしてコストが重要視される。

鉄道車両には2つにカテゴリーが存在している。ひとつは「乗っていただく車両」、これは私鉄でいえば特急ロマンスカーだ。

もうひとつは「運んであげる車両」、これが通勤形。ひと昔前にはこうした不文律が確かにあった。無論、事業者の口からいえることではない。

前者は車両自体が「商品」になる。そこにコストをかける営業上の意味がある。後者は輸送する行為が「商品」である。車両自体が商品ではない。

したがって後者の例では車両にコストをかけたくない。そのためには車両デザインをローコストで製作できるものにしたい。ローコストで見栄えのよいものを設計することが大切である。ゆえに製作工程に手間を要するデザインは、たとえそれが造形的に優れていてもダメなのである。

図57－1　営団（現：東京メトロ）6000系。千代田線を走る車両だ。相互直通するＪＲ常磐線、小田急線にも顔を出す。（綾瀬駅、2010年４月22日著者撮影）

図57－2　京阪電気鉄道6000系。それまでの京阪の車両と大きく異なるデザインで登場した。現在も多数の車両が、幅広い列車種別で使われている。（大和田駅、2008年12月23日谷川一巳氏撮影）

輸送量が急増した時代にはローコスト車両を1両でも多く用意することに正当性があった。デザインは重視されない時代である。東武8000系、京王6000系、東急8000系、相鉄6000系、営団5000系などは、その好例である。

そうした中で異彩を放ったのが小田急9000系、営団6000系である。額ブチ形前面の小田急9000系、左右非対称の営団6000系はファンの人気が高い車両として知られている。

この2つの流れも一時期の流行モードであったが、しかし長くは続かなかった。その点は湘南形と大同小異である。

各社各様である車両デザインであるが、その独自性、一貫性で阪急スタイルは突出している。1960年（昭和35）デビューの2000系の血統が今も生きている。これは唯一の例だ。

京阪も6000系からひとつの大きな流れが感じられる。

こうした関西勢とは逆に小田急はオリジナルスタイルと決別した点が興味深い。3000系のデビューはセンセーショナルであった。相鉄10000系も同様のケースである。

JR東日本209系が確立した側面デザインは私鉄の多くに採用例がある。

画一化が進む中、西武30000系スマイルトレインの例は大変ユニークに感じる。

京王1000系、9000系も自社の個性を守っており好感度が高い車両である。

通勤形車両のデザインは制約との闘いといってもよい。そのがんじがらめの条件の中で、いかにまとめるかが各社のウデの見せどころである。

特急ロマンスカー形車両について見ると、デザインにフリーハンド性があるので、それが良くも悪くも出てしまうコワさがある。小田急VSE、MSEの最新2作はともかくとして、近年あまり感心できるものが私鉄界に少ないのが残念である。

図57－3　小田急電鉄3000系。東京メトロへの乗り入れを想定していないので前面に非常用貫通扉がなく、すっきりしたデザインになっている。（南林間駅、2010年４月24日著者撮影）

図57－4　京王電鉄9000系。8000系に続いて新製された車両である。特急から各停まで幅広い列車種別で使われている。（京王多摩センター駅、2007年８月９日著者撮影）

謎058

電車の外装について

塗装ではなく、カラーフィルムを貼るのが主流。

最近ではステンレスやアルミ合金製車両がほとんどを占めるようになり、塗装車両が年々減少してきた。こうした軽金属車両の場合、ステンレス車両は完全無塗装、アルミ合金車両は無塗装と塗装の両者がある。また一見すると無塗装だがクリアラッカーを塗ったアルミ合金製車両も多い。これはステンレスにくらべてアルミ合金の耐候性が低いためである。

軽量化や製造加工性でアルミ合金が優れていることは確かだが、製作費がステンレス車両を上回る。どちらを選択するかは各社固有の事情から決まる。

普通鋼でつくる車体では不可欠な塗装だが、軽金属製車体では鋼材の防錆をはかる以上に、意匠性の面から施される。

ペイントによる塗装ではなくカラーフィルムを貼ることが主流で、塗装を省略している例が多い。定期的な塗り直しが不要でメンテナンス性に優れているからだ。

電車の内外装については個々人の好みに属する領域なので優劣がつけがたい。全く正反対の意見が出る分野である。

塗装色選定をカラーリングというが、各社の個性が表れるところであり、また一般の乗客たちへの訴求力となる唯一の要素といえよう。このカラーリングについてもデザイン同様に流行がある。

全社にほぼ共通する流れとしては、重厚なカラーリングから軽快なカラーリングへと変化した。中には阪急や京急のように伝統色を守る例もあるが、これは少ない。阪急マルーンや京急レッドは両者のイメージカラーとして定着しており、今さら変えづらい面もあろう。また両者とも一色塗りか、それに近いこともあって塗装工程にさほど手間を要しない点も継続性に寄与している。

これが多色塗りであると合理化を阻害してしまうからだ。その一例が相鉄である。同社では５０００形の登場時に採用したダークブルーグリーン、グレー、赤帯、白線と大変手のこんだカラーリングにしていたが、その塗装工程の複雑さもあり６０００Ｎ系の途中で変更している。その後も試行錯誤をくりかえし現在のものにたどり着いた。

しかしやはり当初の多色塗りの方が個性的である。９０００系など当初のオリジナル塗装である多色塗りのほうが今のものより似合いそうに思う。

このようにカラーリングの変更で必ずしも成功するとは限らない。

南海も当初のオリエンタルグリーンが似合っていた。こうした中で成功例を探すと小田急の例がある。ダークブルーとイエローの2色塗りはかつての特急色を流用したものであったが、やや重たい感じを受けた。重厚という意味ではない。

そこでケープアイボリーをベースにロイヤルブルーを30センチの太帯で入れたものに変更している。カラーリング変更の成功例といえよう。こうした例は意外に少ない。

全般的にいえることは趣のある中間色から原色系に近い色へと変化したことである。

その代表例が東武の特急色だ。かつてのロイヤルマルーンとロイヤルベージュにくらべて今の色は明るいが重厚感が欠如している。

これは小田急ロマンスカーＬＳＥ車、ＨｉＳＥ車にもいえることだ。ＬＳＥ車の一部にリバイバル塗装をしているが、やはり似合っている。これがEXE、VSE、MSEとなると今のメタリック系やシルキーホワイトがよく似合う。やはりオリジナルがよい証拠だ。関西では阪神、近鉄がカラーリング変更で成功している。京阪もよいが、賛否が分かれそうに思う。

関東ではイメージアップという点で京成が成功している。どぎついファイヤーオレンジから今のトリコロールカラーへと変更した。

おもしろいのが東武50000系グループで、かつてのオレンジ系を復活させている。といっても以前のインターナショナルオレンジではなくシャイニーオレンジで明るくした点を評価したい。これはアルミ合金車にアクセントカラーとして用いている。ステンレスカーの9000系～30000系はマルーンの帯だが、これも落ち着いた色でステンレスカーに重厚さを与える。

ただし東武の通勤形はあまりに色のバリエーションが多く統一感がない。思いつくままに採用しているのではないか。いっそのこと8000系で使用しているリフレッシュブルーをステンレスやアルミ合金車両のアクセントカラーに用いてはどうだろう。私鉄にとってイメージカラーは大切である。その点、京王はコーポレートカラーを定めて採用している点がよい。

チェリーピンクとインディゴを京王カラーにした。これにならってか相鉄がオレンジとブルーを自社のコーポレートカラーに定めている。阪急といえばマルーン、京急といえばレッドとすぐにわかるが、他社はこれほどまでにイメージカラーがない。現在も試行錯誤中といった感じだ。

無塗装車両の増加で、そのアクセントカラーの選択がますます重要になる。ぜひ深みのある個性的なカラーリングをしてほしいものだ。

私の好みを記すと、富士急行のサランダブルーとオーシャングリーンである。

謎059 電車の内装について

色は乗り心地に影響する。

おもに壁と座席色で車内の雰囲気が決まるが、これにも流行がある。

通勤形で見ると寒色系から暖色系への流れが中心で、これは冷房化とリンクしている。

非冷房車の内装に暖色系インテリアを用いた例は少ない。営団300形がダスキーピンクの壁にエンジの座席で登場したが、大変ユニークなものであった。地下を走ることから明るい内装にしたのだろう。

このことは地下鉄日比谷線乗り入れを前提に製作された東急7000系、東武2000系についてもいえることだ。

東急7000系は淡いピンクの壁にエンジ（ワインレッド系）の座席、東武2000系はサーバスアイボリーの壁にコロナドオレンジの座席（デラックスロマンスカー1720形と同色）で登場していた。

こうした例のほか京成3000番台車も地下鉄1号線（今の浅草線）乗り入れのためにピンク系の壁にブルーの座席を採用した（登場時）。

地上専用車では京王も暖色系があるが（5000系など）、他は寒色系でまとめた内装が多かった。壁はライトグリーン、座席はダークブルーといったものであるが、そのルーツは国鉄101系である。

国鉄ではラッシュ時の乗客心理から鎮静化させ

る色選びをしたのである。

寒色系が効果的と考えた。これを多くの私鉄が参考にしたため、グリーン系やブルー系が中心を占めた。

確かに非冷房車向きのインテリアである。

暖色系の中でも東武で採用したオレンジ系の内装は、夏場に暑苦しいと不評を買っていた。しかし東武では旧型車にまで、このオレンジ系を採用したのである。1700形、1710形「白帯」特急、5310系など、一部を除くとオレンジカラー全盛であった。

西武では701系など近代化車両に明るめの内装を施したが、その壁色はラベンダーピンクに近い色で暖かさと清々しさをうまく両立させた。101系からアイボリーイエローへ変更している。

最後までグリーンの壁にブルーの座席を用いたのが、京急、小田急、相鉄であったが、相鉄では途中から座席もグリーンへ変更した。

また5000形の車体更新車である5100形から暖色系が登場し、アイボリーホワイト系の壁に、バーミリオンレッド系の座席であるが、この5100形は当初から冷房車であった。京急、小田急は冷房車の多くが寒色系インテリアで登場したが、京急は800形、小田急は8000系の途中から暖色系へと変更した。

逆に寒色系を増加させたのが西武である。6000系からブルーの座席となったが壁はホワイト系である。東武も暖色系から寒色系への移行が見られる。

この分野でも一貫しているのが阪急だ。マホガニーの壁は、その色調が濃くなったが、座席のゴールデンオリーブはそのままである。

JR東日本が209系から採用したブルーグレー系のインテリアは清潔感があってよい。ホワイト系より汚れが目立たない。また表面がマット（ツヤ消し）なので落ち着く。

最近流行の柄模様入りの座席はちょっとうるさい感じがする。単色使いのほうが上品だ。またJRではE233系の吊り手を黒くしたが、あれはいただけない。目障りである。車内には色を氾濫させてはいけない。

基本は3色以内であろう。バリアフリー化などにともない警戒色が多過ぎる。インテリアとしての破綻は避けたい。

特急ロマンスカーでは各社工夫をこらしたインテリアだが、正直なところあまり感動するものがない。アイデア倒れも目立つ。そうした中で小田急30000系EXEがクセがない内装で落ち着ける。その点では西武10000系NRAも同様に思う。

乗っていて楽しい車両と乗っていて落ち着く車両は、必ずしも両立しない。

小田急50000系VSEは心が高揚するヴィヴィッドな車両として観光特急の神髄を突いており、一方の30000系EXEはとてもリラックスできる車両としてホームライナーに最適である。それぞれの目的が明快に表れている。

一方、東武100形スペーシアは観光特急にリラックス要素を多く採り入れたため、ミスマッチが生じている。

これらはすべてインテリアに由来することであり、色彩が人へ与える影響力がいかに大きいかがわかる実例といえよう。

図59　小田急電鉄ロマンスカー30000系「ＥＸＥ」の車内。すっきりした落ち着いた車内である。（藤沢駅、2009年３月31日著者撮影）

謎060

車両の乗り心地を決めるもの

空気バネはもともと自動車用に開発されたものだった⁉

これにはいくつかの要素があるが、それを大きく分けると、軌道系、制御系に分類して考えることができる。軌道系とはレールと直接接触する台車などをふくめての表現として、ここでは用いる。

乗り心地の良否を大きく左右するものは軌道構造であり、その上を走る台車構造とで8割方決まるといっても過言ではない。

まず軌道構造としてはロングレール化がある。レールを何本も溶接でつないで1本にしているので、レールの継ぎ目が大幅に減少し、そのため振動や騒音が少なくなる。振動と騒音は、レールの継ぎ目を車輪が通過することで発生するからだ。

次にレールと枕木の間に防振材を入れることで、さらに改善することができる。

また台車系では枕バネといってメインになるバネに空気バネを使用することで乗り心地が格段に向上している。空気バネはダイヤフラムという材質でつくった風船のようなもので、その内部の圧縮空気で振動を吸収している。もともとは自動車用にアメリカで開発されたものを、鉄道車両に応用した。

日本では京阪電気鉄道を皮切りに広く普及した歴史がある。現在のボルスタレス台車は、この空気バネが持つ特性を生かした台車である。また車輪を支える軸箱装置があるが、これは車輪と直結する車軸をベアリングを介して台車本体へ動きを伝える重要部分である。この軸箱装置を台車枠へ結ぶ方式でさまざまな形状があり、その形状ごとに○○台車という呼び方をしている。ミンデン台車とかアルストーム台車などなどである。

ＪＲ（国鉄）にくらべて私鉄各社では台車のバラエティがとにかく多い。それだけ個性的だともいえる。各方式には一長一短があるので優劣はつけにくい。

高速走行に向く台車としては、円筒案内台車が知られており、京急や近鉄が多用している。また、ミンデン台車も高速走行に向く台車で、東武や阪急などが昔から採用している台車である。

実は、この台車をいかに設計するかで、走行特性が左右されることになる。

急カーブを通過しやすく設計した台車では高速走行時に揺れが発生しやすい。東京メトロ６０００系が、ＪＲ常磐線内でよく揺れるのは、このためである。これを台車軸箱剛性値とよんでいる。

これが最も高いものが新幹線車両である。

私鉄でも各社の路線形状によって最適な剛性値を定めている。それもあって乗り入れ先ではベストな走りを得られない場合もある。

前記した千代田線と常磐線の例もそのひとつだ。一見同じように見える電車だが、その中身はかなり相違していることがわかる。

地下鉄線内では滑るように快適な走りをした車両が、地上走行では一転してよく揺れたりするのは、この台車の性格の違いからきている。技術的には台車軸箱剛性値を可変式にすることは可能だが、コストやメンテナンス上なかなかむずかしい。

今の空気バネは「１山」形といって、全く風船のような構造をしているが、以前は「３山」形といって小田原ちょうちんのような形をしていた。その形状が蛇腹のように見えることからベローズ空気バネという（ベローズとは蛇腹の意）。

この空気バネは柔らかでよいのだが、ヘタリが

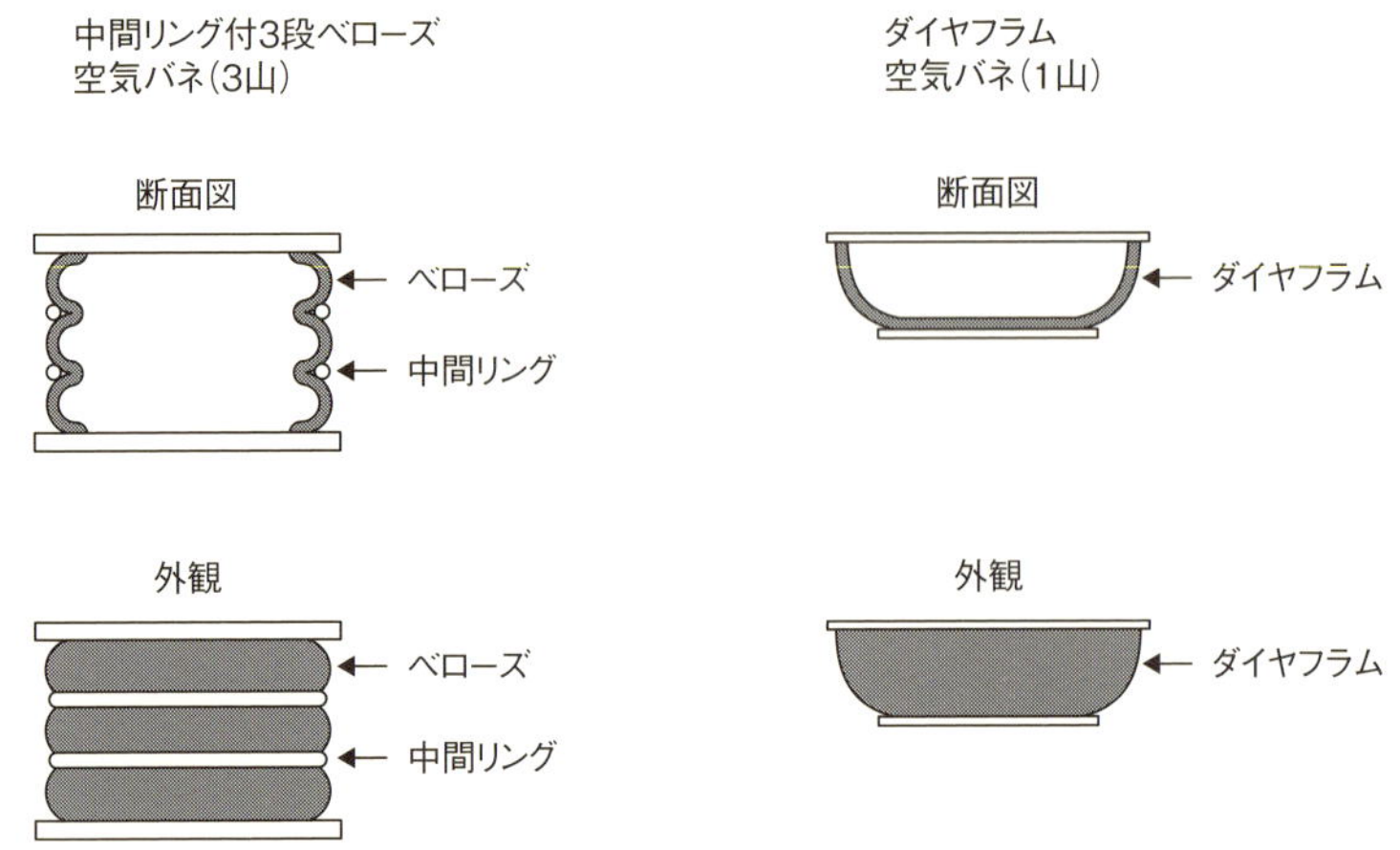

図60　空気バネは、「１山」形から「３山」形へと変化した。

多くて保守が大変とのことで現在の１山形ダイヤフラム空気バネになっている。

その内圧から測定して満員乗車なのか、すいているのかがわかる。そこで電車の加速、減速性能を一定に保つことを可能にしている。これを応荷重可変装置という。

さらに空気バネには、車体高を一定に保つ機能がある。電車には最適なバネであることから急速に普及した。

これの本格採用も私鉄がリードした。

国鉄では地下鉄東西線乗り入れ用の３０１系で通勤形に登場したが中断。本格採用は２０１系からである。それまでの間は金属バネのＤＴ21、ＤＴ33が全盛であった（ＤＴ33は１０３系で使用）。

特急では20系客車や１５１系（後の１８１系）から使用している。

私鉄通勤形車両のレベルにくらべると、国鉄の出おくれは否めない。しかしＪＲ化後の動きは活発で、それまで蓄積しつつも発揮できなかった力を発揮できるようになると、鉄道車両の革命ともいうべき新技術でＥ２３１系やＥ２３３系を登場させて私鉄界にも大きな影響力を持つようになった。基礎技術研究力が生かされるようになる。国鉄時代の硬直化や画一化のしばりが解けた結果とも解せる。

通勤形車両におけるイノベーションが見られて興味深い。

制御系技術ではパワーユニットのＩＰＭ化がある。ＩＰＭとはインテリジェントパワーモジュールを表す。これをひとくちでいうと、ＶＶＶＦ制御ユニットの合理化だ。Ｅ２３１系あたりから現れたが、私鉄においてもいえることである。２レベル変調でもゼロベクトル制御やスペクトル拡散などで静音化を達成できた。こうした制御系技術の発達もまた電車の乗り心地を向上させている。

ひと時代前に登場したＶＶＶＦインバータ制御とは様変わりした。

２レベルとか３レベルとか耳にすることがあると思うが、要するに機構面の相違のことで２レベルのほうがシンプルにできていると考えればよい。素子数の違いのことである。

２レベル変調で始まったＶＶＶＦインバータ制御だが、静音化をはかるため３レベル化していたのである。これがゼロベクトルという概念を採り入れることで２レベルでも３レベルと同じ静音化を達成できた。シンプルで性能のよい方式になったということである。

謎061 制御系機器の謎

音がしなくなったのではなく、聞こえなくなっただけ。

電車の制御系機器は長いこと機械的であった。メカニックの世界である。これは自動車のエンジンと同じようにアナログともいえるものだ。目で見て理解できる動きである。

これが抵抗制御とよばれるものであり、数多くの有接点スイッチで構成されている。

有接点スイッチというのは一般の家庭で使っている電気のスイッチと同じだ。これを素子という石に置きかえたものが無接点スイッチである。

電車に無接点スイッチが登場した時期は早く、昭和30年代半ばのことであるが、これが本格化したのは界磁チョッパ制御からである。界磁チョッパ制御は、1969年（昭和44）に東急8000系として世界で初めて登場した電車の制御方式のことである。

ちょうど同じ頃に営団が電機子チョッパ制御に取り組んでいたので、界磁チョッパと電機子チョッパを混合する向きが多かった。

今でも両者を大同小異だと思っている人はかなりいるが、この両者は全く別のものである。

簡単に説明すると、電機子チョッパ制御はメイン電流をサイリスタという素子で制御する。一方の界磁チョッパ制御はメイン電流を抵抗制御で行い、サブ電流をサイリスタで制御していると考えればわかりやすい。ゆえに界磁チョッパ制御は抵抗制御なのであり、サイリスタチョッパ制御の仲間ではない。省エネ電車とよばれているのは回生ブレーキを使用しやすくなったためである。だから、走行（力行という）電力量は抵抗制御と同じだと思ってよい。

界磁チョッパ制御にも多くの利点があるのだが電力量においては電機子チョッパほど省電力とはならない。

いちばんの利点はゼロアンペア制御といって主回路（メインのスイッチ）をつないだままで惰行できる点にあるが、この方法は以前からあり、界磁調整器という機械スイッチを用いて行っていた。東急7000系などである。この機械スイッチをサイリスタという半導体に置きかえたものが界磁チョッパ制御である。直流モータは電機子（回転子）と界磁子（固定子）で構成される。この両方を独立して制御するのが界磁チョッパ制御の特徴である。電機子チョッパ制御にくらべて安価に製作できる。それはサイリスタの使用量が少なくて済むからだ。昭和40年代における半導体価格は今より高価であり、その制御容量も小さかった。

さらに界磁チョッパ制御の利点として、高速から回生ブレーキを使用できることだ。初期電機子チョッパ制御では高速からの回生ブレーキが使えなかった。それを行うと過電圧になりサイリスタ素子を破壊する危険があったからである。今でも高速域でのフル回生には問題があり、あえて回生を絞って空気ブレーキで補足する例もある。これは高電圧がパンタグラフから架線へ流れると不都合だからだ。架線電圧リミッタという保護回路がある。

高速での回生がむずかしい理由が、この過電圧にある。意外に知られていないことだ。

この界磁チョッパ制御や電機子チョッパ制御で電車制御にサイリスタなどの半導体素子が大幅に使用され始めた。

さらにVVVFインバータ制御では、より多くの半導体素子が使用されている。

その素子自体も進化を遂げている。スイッチ速度（スイッチングという）がより速くなったことで、高周波変調ということを可能にし、それによって静かな電車が誕生した。

ウィ〜ン、ウィ〜ンというモータ音は、新しい電車ほど少ない。それは前記した理由からである。高周波にすると人の耳に聞こえなくなるからだ。初期のVVVFインバータ制御は実にうるさかった。サイリスタチョッパ制御では一定周波数なので、まだ静かだがVVVFインバータ制御では周波数が変わる（変調）ので音が変化する。これがあのウナリ音の原因である。

最新の車両では、そのウナリ音がほとんど聞こえなくなった。これは人の耳に聞こえなくなっただけで、無音化したわけではない。

制御機器の電子化でブラックボックス化が進行した。これはいったん故障すると厄介なことになる。モニタ表示されない故障も少なくない。故障それ自体は大きく減ったが、何かが起きたときに現場で対応できない。そもそも心臓部を分解できないからだ。それがブラックボックス化ということである。メカニカルの世界からエレクトロニクスの世界へ変化したといってもよい。

だがそのぶん、日常的に行うメンテナンスを軽減できた。

メカニカルな機器が減少して電子機器に置き換えられたからである。

それをひとくちで表すとダイナミック（動体）→スタティック（静止体）への変化だ。

その代表例として電動発電機（ＭＧ）から静止形補助電源装置（ＳＩＶ）への移行がある。回転体であるＭＧは保守も手間を要する。物はなんでも動体の方が静止体より保守頻度が高い。また、主制御器のカム軸機構がなくなった。

謎062 機器の静止化――MGからSIVへ

電車の機器は次々に静止化が進んでいる。

電車には発電機がある。

こういうと不思議に思う人もいるだろう。架線から電気を取っているのになぜ発電する必要があるのかと。これは健全な疑問である。

なぜかというと、架線に流れている直流１５００ボルトを必要とするのは走行するためのモータ（主電動機）だけであり、他の機器はそんな高圧電力を必要としていないからだ。

そのために架線電圧で発電用モータを回して、低圧電力をわざわざ発電するのである。これをＭＧ（電動発電機）という。電気の力で電気をつくる不思議な機器だ。

今の電車の多くはＢＬＭＧ（ブラシレスＭＧ）といって、これは回転形インバータであるが、これを用いて交流４４０ボルトをつくっている。インバータとは直流を交流に変換する装置の総称である。その逆、交流を直流にする（これを整流という）装置をコンバータという。ＢＬＭＧで出力した交流４４０ボルトをさらに降圧整流したりしてさまざまな制御系電源に使用したり、あるいは交流４４０ボルトをそのまま使用したりしている。

本来は発電機というより変換器（オルタネータ）であるが、業界用語としてＢＬＭＧとよんでいる。

これは前記したとおり回転形インバータであり、これを静止形にしたものがＳＩＶである。スタテイックインバータの略だが、これも実は業界用語で正式にはCVCF（Constant Voltage Constant Frequency）という。

どこかVVVF（Variable Voltage Variable Frequency）と似た名称だが、基本は同じものでVVVFが可変電圧可変周波数形インバータであり、CVCFは定電圧定周波数形インバータである。今では、このSIVが主流となり補助電源装置とよぶようになった。直流出力形MGから交流出力形BLMGを経てSIVへと進化したのである。静止形（つまりスタティック）としたことでメンテナンスフリー化（省保守化）が進んだ。

その出力はkvA（キロボルトアンペア）で表す。平均値でいうと5両当たり210kvA見当で装備する例が多く、10両編成だと2台のSIVが必要になる。これは車両によって相違するため目安に過ぎない。第1章でもその外形について記した機器なので思い出した人も多いだろう。

機器の静止形化は着実に進んでおり、スイッチ類の無接点化とともに新しい電車の標準になっている。

静止形化とは異なるが電動空気圧縮機（CP）もレシプロからロータリー化が進み静かになった。ピストンの往復運動による振動がなくなっている。

CPは従来から動作音の大きなことと、振動を発生させる機器であるため嫌われていた。余談だがJRのサロ183形床下のCPはとくに気になったものである。グリーン車の床下になぜCPを吊るのかといつも疑問に思った。

そうした厄介者であったCPも、今では非常に静かな物が出現している。とくにドイツ製クノール社のCPが静かでよい。国産ではAR-144-RW20あたりやMBU-1600Yも静かになり、ほとんど気にならない。

謎063 理想の車両とは

あとがきにかえて。

ここではあとがきにかえて、私なりの理想の車両像を述べてみたい。

このテーマは永遠のテーマでもある。

何をもって理想とするのかだが、まずは今後の労働力の減少から考えて、保守に手を要せず、省エネルギーで走ることが大切であろう。ＶＶＶＦインバータ制御化、軽金属車体、ボルスタレス台車を基本にして、さらなる進化を期待したいと思う。

ひとつには今のＩＧＢＴトランジスタにかわって静電誘導サイリスタ（ＳＩＴｈ）で制御できると理想である。これはスイッチング速度が速く、キロヘルツオーダーの変調が容易に行えるからだ。その制御容量の増加が待たれる。

台車系では空気バネ圧力調整弁の性能向上があり、マイコン制御の電磁弁化の普及に期待をかけている。

また理想をいえば、厳密なベクトル制御化がある。今のそれは実のところ本来のベクトル制御に達していないからだ。間接形ベクトル制御なのである。直接形すなわち磁束オリエンテッド形ベクトル制御に近づきたいと思っている。これによって動輪粘着係数がよくなるからだ。

サービス機器では空調に脱臭機能を持たせ、また座席の消臭抗菌化を望みたい。

湿度管理を充分に行える空調にして車内湿度を

年間40~50パーセントに保てると理想である。

細かい点ではドア付近のすき間風防止がある。戸袋からのそれが多いからだ。

車内広告の規則も必要だろう。

さまざまな要望はあるが総じて技術系の話になってしまう。

台車のバネ定数に対して昔ほど神経を使っていない点も残念である。すべてコストカットから既製品でまかなっているからだ。空気バネのダイヤフラムにしてもいえることである。乗り心地が必ずしも向上していない点が気になる。これにはフラット車輪の放置があり、これは最悪例だ。

レール表面のコルゲーション化をまねくことになり、さらに騒音を増加させてしまう。

こうした品質管理向上をまず望みたい。

そのうえで、車両レベルのアップがあると理想的である。

鉄道は車両のみをレベルアップしただけではだめで、システム全体の改善が求められる。ATSの高機能化も重要なことだ。もちろん軌道自体の整備がその大前提であることはいうまでもない。

通勤通学輸送の質を向上させるためには、駅施設の改良もまた重要であり、コンコースの拡幅などさらなる改善が必要な駅も多い。

車両面では前記したような制御系技術の進化が加速することは確かである。

現在、制御系においてはIGBTトランジスタとよばれる半導体が使われていると記したが、少し前まではGTOサイリスタが主流であった。その進化は思った以上に早い。

この四半世紀の間で電車の制御技術は大きく発展してきた。界磁チョッパ制御や電機子チョッパ制御など、すでに過去のものとなっている。ブレーキ系では純電気ブレーキが実用化され通常は空気ブレーキに頼らず停止できるようになった。空気ブレーキは非常用、駐車用そして一部は回生補足として用いられるシステムがそれである。

編成全体でブレーキ力を演算する方法が主流になっている。

接客設備は簡素化の方向で進められてきたが、それもE231系あたりが底となり、今またグレードアップの方向に転じている。

京急1000N形などチープな車両ではなく、通勤形としてはハイグレードなものになった。関西はさらに進んでおり阪急9000系列、京阪3000系といった高級車がある。安かろう悪かろうの傾向がある関東勢の奮起を期待したく思う。

これは伝統的に大阪圏民鉄にくらべて東京圏民鉄の車両レベルが質より量で推移してきたことを表している。そこには輸送量の違いがあるので仕方ない面も確かにあるが、これから先、従来のような量的拡大は考えにくく、あっても微増にとどまる。そこで東京圏においても質的充実をはかる余力が生まれるので、レベルアップを考える時期を迎えた。

車両の居住性向上をぜひ望みたい。

ここで理想的な車両についてまとめると、車体は軽量かつ堅牢であり、塗装が不要であること。車内の温度、湿度を常に適正に保持でき換気も充分に行えること。防音、防振構造で床下機器からの漏磁対策ができていることである。そのうえでカラーコンディショニングや照明に充分配慮が行き届いている必要がある。

性能面では各停、急行ごとに加速度を変えられることであり、急行時には2・5キロメートル秒以上、各停時には4・0キロメートル秒以上を確保できるデュアルモード化が可能であること。動輪径差に対して完全なベクトル制御を行えること（理想は各別モータ制御）、純電気ブレーキであること。冗長性があることなどだ。

台車は空気バネの電子制御化、台車単位でブレーキ演算ができること。線路追随性がよいことなどが考えられる。またブレーキシューのストローク調整の自動化、ディスクブレーキではブレーキライニング交換を容易に行えることがあげられる。さらに分解、組み立てを手間をかけずにできる構造であり、常に軸箱剛性値を適正に保持できることだ。

こうした車両であることが望ましい。

環境面では全閉形モータの使用や駆動装置の静音化がある。

〔著者略歴〕 広岡友紀（ひろおか・ゆき）
東京都生まれ。米国系航空会社乗務員を経て、現在は鉄道アナリストとして、特に民鉄（私鉄）をテーマとして執筆活動を続けている。著書に、『日本の私鉄 西武鉄道』『日本の私鉄 京王電鉄』『日本の私鉄 相模鉄道』『日本の私鉄 小田急電鉄』（以上、毎日新聞社）、『大手私鉄比較探見 東日本編』『大手私鉄比較探見 西日本編』（以上、ＪＴＢパブリッシング）、『「電車の進化」大研究』（中央書院）、『鉄道路線サバイバル』（戎光祥出版）、『鎌倉メモリー』（朱鳥社）などがある。

本文記事は、平成22年４月現在のものです。

私鉄・車輌の謎と不思議

平成22年５月20日　初版印刷
平成22年５月30日　初版発行

ISBN978-4-490-20698-2 C0065

著　者　広岡友紀
発行者　松林孝至
印刷製本　東京リスマチック株式会社
発行所　株式会社東京堂出版
〒101-0051 東京都千代田区神田神保町1-17
電話03-3233-3741 振替00130-7-270